특수 상대성 이론과
일반 상대성 이론은
잘못된 이론이다

특수 상대성 이론과 일반 상대성 이론은
잘못된 이론이다

초판 1쇄 발행 2020년 11월 16일

지은이 강우빈
펴낸이 장현수
펴낸곳 메이킹북스
출판등록 제 2019-000010호

디자인 장지연
편집 안영인, 장지연
교정 안지은
마케팅 오현경

주소 서울특별시 금천구 가산디지털1로 142, 312호
전화 02-2135-5086
팩스 02-2135-5087
이메일 making_books@naver.com
홈페이지 www.makingbooks.co.kr

ISBN 979-11-91014-48-8(03420)
값 12,000원

ⓒ 강우빈 2020 Printed in Korea

잘못된 책은 구입하신 곳에서 바꾸어 드립니다.
이 책의 전부 또는 일부 내용을 재사용하려면 사전에 저작권자와 펴낸곳의 동의를 받아야 합니다.

이 도서의 국립중앙도서관 출판예정도서목록(CIP)은 서지정보유통지원시스템
홈페이지(http://seoji.nl.go.kr)와 국가자료공동목록시스템(http://www.nl.go.kr/kolisnet)에서
이용하실 수 있습니다. (CIP제어번호 : CIP2020046889)

메이킹북스는 저자님의 소중한 투고 원고를 기다립니다.
출간에 대한 관심이 있으신 분은 making_books@naver.com로 보내 주세요.

특수 상대성 이론과 일반 상대성 이론은 이론이다

강우빈 지음

광속불변의 법칙에서 광속은 언제나 c이고 그러한 c의 인정은 절대시간의 존재를 인정하게 되는 것이다. 모든 빛의 나아가는 길이는 시간과 매치가 되고 빛이 30만km를 이동하는 데는 1초 빛이 60만km를 이동하는데는 2초 빛이 15만km를 이동하면 1/2초 빛의 1m 이동은데 걸리는 시간은 0.000000003335640952초 가 되는 식으로 광속의 모든 길이는 절대 시간으로 변경이 가능하며 이는 절대 시간이 존재한다는 유력한 증거가 되는 것이다.

<특수 상대성 이론과 일반 상대성 이론은 잘못된 이론이다>

목차

1. 고전 상대성 이론 (갈릴레이 상대성 이론)
.... 8

2. 특수 상대성 이론이란?
.... 10

3. 일반 상대성 이론이란?
.... 12

4. 광속 불변의 법칙
.... 14

5. 광속 불변의 법칙은 보는 관점에서 달라질 수 있다.
.... 15

6. 기차 추론이란
.... 19

7. 기차 추론에서 빛은 사선이 아닌 직선으로 오른다.
.... 23

8. 로렌츠 변환의 유도
.... 35

9. 수학적 오류
(원점의 값을 대입했을 때 서로 다른 속도 값이 나온다)
.... 48

10. 수학적 오류 (양수와 음수를 구분하지 않고 계산했다)
.... 50

11. 정정하여 유도한 로렌츠 변환식
.... 52

12. 수학적 오류
.... 56

13. 양의 수와 음의 수를 구분하여 계산해 얻은 식
.... 59

14. 수학적 오류
(움직이고 있는 측정자의 길이를 구한 식의 오류)
.... 64

15. 로렌츠 변환식의 확장된 공식
.... 67

16. 동시성의 상대성
.... 69

17. 위 동시성의 상대성에 대한 나의 생각
.... 73

18. 특수 상대성 이론을 지지한다는
피조의 속도 합에 관한 정리의 모순
.... 78

19. 상대성 이론의 확장된 공식과 유클리드 기하학이나
뉴튼의 구의 반지름을 구하는 공식은 거의 같다.
.... 80

20. $E = mc^2$은 로렌츠 변환식에 근거를 둔 공식이므로 이 또한 잘못된 공식이다.
.... 84

21. 쌍둥이 paradox (역설).
.... 86

22. 절대 시간은 존재한다.
.... 88

아인슈타인의 상대성 이론에 대한 글을 쓰며

모순이란 단어는 창과 방패라는 말에서 비롯되었다. 무엇이든지 뚫을 수 있다는 창과 무엇이든지 막을 수 있다는 방패를 파는 장사치한테 지나가는 현자가 "그러면 당신의 창으로 당신의 방패를 뚫으면 어떻게 되겠소"라고 했다는 일화에서 모순은 비롯되었다고 한다.
그 긴 글을 쓰고 떠오른 생각이 처음부터 상대성 이론은 모순이란 전제에서 시작되었다는 것이다.
속력은 거리/시간이다. 속력이란 말에는 이미 그 한 요소로 시간이 깔려 있고 둘은 서로 불가분의 관계란 것이다. 맥스웰 방정식에서의 필요성과 아인슈타인이 특수 상대성 이론을 만들 당시에는 정확한 시계가 드물어 그로 인한 잡음 때문에 절대적인 기준이 필요했는데 그것이 바로 빛의 속도는 아니었나 하는 생각이 든다. 세상의 모든 곳에는 서로 다르게 흐르는 시간이 존재한다는 의미를 나타낸 모든 곳에 시계를 배열했던 그의 이론을 설명하는 삽화가 기억이 난다. 속력을 구성하는 요소 중 하나가 시간이라 시간이 변하면 속력도 같이 변하게 되어 있다. 그래서 광속불변의 원칙이라는 말도 의미가 없어지는 것이 상대성 이론이었다. 일반 상대성 이론에서는 지구의 아래에서 위로 올라갈수록 중력이 약해져 시간이 빨라진다. 즉 1초의 길이의 간격이 짧아진다는 의미이다. 우리는 너무 아무런 생각 없이 상대성 이론을 떠받들어 왔던 것 같다. 시간이 짧아지면 빛의 속도는 느려진다. 즉 광속불변인 c의 값이 변하는 것이다. 즉 c가 더 이

상의 c가 아닌 다른 값을 갖는다는 의미이다. 일반 상대성 이론에 따라 지상에서 1초의 길이가 최대가 되면 빛은 가장 **빠른** 속도로 이동한다. 그리고 지상에서 위로 올라갈수록 1초에 빛이 가는 거리는 30만 km에서 점점 적은 거리로 이동을 하는 것이다. 시계의 정확도를 위해 원자시계를 도입하여 사용했다던데 그러한 고도나 빠르기에 의한 빛의 변화가 없고 말 그대로 광속 불변이라면 원자시계만큼 정확한 것이 빛의 속도이다. 즉 빛의 속도를 시계로 사용할 수 있는 것이다. 광속 불변의 원칙에 의해 **빠른** 속도로 나는 우주선 안에서의 빛의 **빠르기**는 c이고 그곳에서의 빛의 **빠르기**가 변하지 않는다는 것은 그곳에서의 시간의 흐름이 다른 곳과 같다는 의미를 내포하고 있는 것이다. 광속 불변을 기준으로 시간의 짧고 길고를 논하는 것 자체가 처음부터 말이 안 되는 모순이었던 것이다. 모든 곳에서 빛의 **빠르기**가 같으면 시간 또한 같아야 하기 때문이다. 왜냐하면 시간이 변하는 순간 속력 $= \dfrac{거리}{시간}$ 이기 때문에 빛의 속력도 변하기 때문이다.

1. 고전 상대성 이론 (갈릴레이 상대성 이론)

과거 사람들은 '속도'는 절대적인 것이라 생각했다.
움직이고 있다면 그 사실을 누구나 느낄 것이라 생각했다.

하지만 '갈릴레이'는 우리가 느끼는 속도가 모두 '상대적'이라고 생각하였다.
예를 들어 900km/h로 날아가는 비행기를 타고 날아가고 있을 때 밖의 풍경이 보이면 비행기가 날아가고 있다고 인지할 수 있다.
하지만 캄캄한 밤에 창문이 막혀 있다면 비행기가 날아가는 것을 느낄 수가 없다.
이런 현상이 일어나는 이유는 갈릴레이가 이야기하였듯이 속도라는 것은 상대적이기 때문이다.
비행기 안의 세상에 있는 사람과 비행기에 타고 있지 않은 지상에 있는 사람은 상대적으로 900km/h의 속도 차이를 가지고 있지만, 비행기와 비행기에 타고 있는 사람은 똑같은 속도로 날아가고 있기 때문에 상대 속도가 0km이다.

(속도 변화가 없이) 같은 속도로 움직이는 비행기와 타고 있는 사람은 같은 관성계이다.
외부에 보이는 풍경(다른 관성계)을 보지 않고서는 속도를 가늠할 수 없는 것이다.

지구도 매우 빠르게 태양 주위를 공전하고 빠른 속도로 자전하고 있지만 우리는 느낄 수 없다.
지구에 있는 모든 물체가 지구와 함께 움직이고 있기 때문이다. 상대 속도가 0이 되기 때문이다. (엄밀히 따지면 지구는 등속 원운동을 하고 있어서 비관성계이긴 하다)

갈릴레이 상대성 기본 원칙
: 등속도로 움직인다면 밀폐된 관성계에서 속도를 알 수 없다.

우리가 사용하는 속도라는 것은 '절대'적인 것이 아니다.
모두 다 '상대적'인 것이다.
100km/h로 움직이는 자동차를 멈춰 있는 사람이 본다면 100km/h로 보이겠지만 같은 방향으로 80km/h로 움직이는 자동차에서 본다면 20km/h로 움직이는 것으로 보인다.

2. 특수 상대성 이론이란?

특수 상대성 이론의 요지는 시간과 공간은 절대적이지 않고 속도에 따라 상대적이라는 것이다.
특수 상대성 이론은 다음 두 가지 가정으로 시작한다.

> (1) 모든 관성 좌표계에서 물리 법칙은 동일하게 적용된다.
> (2) 광속 불변의 법칙: 모든 관성 좌표계에서의 빛의 속도는 관찰자 또는 광원의 속도에 관계없이 일정하다.

이러한 전제조건 하에서 다음과 같은 사실이 충족된다.

> 1. 관찰자에 대해 빠르게 움직이는 물체는 시간이 느려진다.(시간 지연).
> 2. 관찰자에 대해 빠르게 움직이는 물체는 길이가 짧아진다.
> 3. 관찰자에 대해 빠르게 움직이는 물체는 질량이 증가한다. 고전적인 운동량보다 더 큰 값을 가진다.
> 4. 질량은 에너지로, 에너지는 질량으로 바뀔 수 있다.

특수 상대성 이론은 등속 직진하는 좌표계에서만 적용될 수 있다. (등속 직진은 같은 속도로 일직선으로 움직이는 것을 말하며, 이동하는 좌표계란 열차, 자동차, 움직이는 사람, 비행기, 빛 등을 일컫는 말이다.)

3. 일반 상대성 이론이란?

1. 중력과 가속도는 구별할 수 없는, 본질적으로 같은 것이다. 비유를 들어 설명하면, 우리가 지금 지구에 서 있는 것과 무중력 상태에서 위로 가속되는 엘리베이터를 타고 있는 것은 같은 것이다.

2. 강한 중력은 시공을 휘게 한다.

3. 시간은 정지해 있는 쪽에서 더 빨리 간다.
   (운동 속도에 따라 시간과 공간을 상대적으로 느낀다는 것이 상대성 이론이다.)

4. 운동하는 좌표계에서는 시간이 더 느리게 흐른다.

5. 질량이 큰 물체는 중력이 크고 그 주위의 공간이 휘어진다. (먼별에서 오는 빛은 휘게 되어 있고 공간이 휜 것이라고 단정 짓는 것은 실제로 태양주위를 지나서 오는 빛이 곡선을 그리며 오기 때문에 공간이 휘어진다는 말과 공간이 실제로 휜다고 생각하게 하는 결과를 만든 것이다)

6. 휘어진 공간을 빛이 지날 경우 그 빛은 휘어진다.
   (먼 별에서 오는 빛은 휘게 되어 있고 태양을 지나는 빛이 휘는 것으로 보인 것은 실제로 그 빛이 휜 빛이기 때문이다. 나중에 이에 대해 설명할 기회가 오리라 생각한다.)

① **등가원리는 누구나 쉽게 생각해낼 수 있는 것이다. 그리고 등가원리는 중력장 안에서만 유용하다고 생각한다.**

② **중력에 대해 많은 생각을 해 보았는데 중력에 의해 시공이 휜다는 것은 지구가 태양 주위를 원을 그리며 돌고 있지만, 지구는 그것이 직진인 양 앞으로 공전한다는 뜻인 것으로 여겨진다.**
   (휘었다는 것은 중력효과를 의미한다고 생각한다)

③ **시간은 정지해 있는 쪽에서는 빠르게 흐르고, 운동하는 좌표계에서는 느리게 흐른다는 것은 특수 상대성 이론에서 나온 말로 잘못된 것이다.**

④ **중력이 센 곳에서 시간이 느리게 흐른다는 말도 중력이 센 곳에서는 낙하 속도가 더 빠르기 때문에 나온 말이다.**

4. 광속 불변의 법칙

기차에서 총을 쏘면 총알의 속도는 (정지 상태에서 총알을 쏠 때의 속도 - 기차의 속도) 또는 (기차의 속도 + 정지 상태에서 총알을 쏠 때의 속도)가 된다.
(기차의 방향과 같은 방향으로 총알을 쏘는 것과 반대 방향으로 쏘는 것의 차이이다).

모든 관성 좌표계에서의 빛의 속도는 관찰자 또는 광원의 속도에 관계없이 일정하다.

5. 광속 불변의 법칙은 보는 관점에서 달라질 수 있다.

기차가 정확히 300km/h를 유지하며 달리고 있는데 저녁이 되어 어두워지자 차장은 헤드라이트와 미등을 켠다.
이때 빛의 속도를 운동하는 좌표계 즉 기차에서 측정하면 어떻게 될까?

만약 당신이 시속 300km의 속도로 달릴 경우. 이는 초속 83.3m이다.
이제 위의 방법으로 빛의 속도를 계산해 보자
평균 속력은 거리/시간이다.
총알이 가는 내내 일정한 속도를 유지하고, 의의 방법이 광속에 적용된다면 광속 불변의 법칙은 맞는 말일까?
아니다. 차장이 켠 미등의 속력을 구해보자.

1초에 빛이 간 거리는 (30만 km + 83.3m)로 바뀐다.
즉, 빛의 속도는 30만 km/sec에서 평균 300000.0833km/sec로 늘어나는 것이다.
빛의 속도로 나는 우주선을 정지좌표계로 본다면, 그 옆을 우주선과 같은 속도로 이동하는 빛의 상대 속도는 0이다.

 다시 말해 이동 좌표계에서 광속 불변의 법칙을 척도로 삼는 것 자체는 잘못된 것이다.

모순의 시작 : 특수상대성 이론의 모순은 시간의 척도를 속도로 잡았기 때문에 생긴 것이다. 그래서 속도가 다른 세상(기차 등)에서는 시간이 다르게 흐르는 것 같은 것이다.

빛의 속도 즉 빛의 이동거리를 시간의 척도로 삼았기 때문에 모든 해프닝이 벌어진 것이다.
빛은 1초에 30만 km를 간다.

칼루이스나 벤존슨이 최고의 속도로 달리는 거리는 비슷한데 약 9.8/sec이다.
만일 그 속도가 늘 일정다면 1초는 칼루이스나 벤존슨이 100m를 달리는 속도보다 0.2초 부족한 시간이 된다.
그냥 칼루이스나 벤 존슨이 100m를 1초에 10m를 간다면 1초는 그 두 사람이 100m를 질주하는 최단거리가 되는 것이다.

만일 칼루이스나 벤존슨이 100m를 달리는 거리를 시간의 척도로 삼았다면 '어느 계에서나 광속은 같다' 라는 개념이 남긴 잡음의 원흉인 특수상대성 이론보다는 적었으리라 생각한다.

이제는 수소나 세슘 원자의 진동수로 시간을 재는 시대가 왔다. 우리가 사용하는 시계의 대다수는 수정의 진동을 시간의 척도로 삼는 시계이다.
속도를 시간의 척도로 삼는 예를 만들자면 시속 300km로 달리는 기차의 1초는 기차가 83.333m를 간거리가 된다.

사람들은 시간에 대해 의야 해 한다.
척도며 광속이며 여기서 시간의 기원을 생각해 보면 지구가 1회 자전하는데 걸린 시간을 24시간 1시간을 60분 60분을 60초로 하는 것이 시간의 기원이고 자전 속도와 공전 속도가 늘 한결 같이 시간과 일치한다는 가정에서 60초,60분,1시간,24시간이 만들어지고 지구가 태양주위를 한 바퀴 도는 시간을 365일로 하였기 때문에 1초의 길이는 원래 한결 같은 것이었다.

잠깐 쉬는 겸 다른 발상을 해보자.

1초를 모든 움직이는 것들이 10m를 이동한 것으로 한다면 시간의 길이는 어떻게 바뀔까?
칼루이스이 1초는 치타의 1초보다 길고 치타나 칼루이스의 1초는 ktx의 1초보다 빠르다.
결국 대회에서 1등의 트로피는 ktx에게 갈 것이다.

이제 세상이 바뀌어 빛의 속도는 모든 곳에서 완벽하게 동일하지 않다는 것을 인정하는 시대가 왔다.

하지만 칼루이스나 치타나 ktx가 달리는 속도를 기준으로 삼는 것 보다는 광속을 기준으로 삼는 것이 가장 현명하고 더 한 정확성을 가져다 준다.

사실 빛의 속도를 시간의 척도로 삼았다는 이유 보다는 '모든 관성계에서 빛의 속도가 같다'라는 광속불변의 원칙에서 모든 것은 잘못된 것이다.

달리는 기차에서 달리는 방향으로 쏜 총알과 반대 방향으로 쏜 총알의 속도를 재는 기준으로(아인슈타인이 한) 달리는 기차에서 양쪽으로 쏜 빛의 속도를 재보면 두 빛의 속도는 같지 않다.

그것을 아인슈타인은 동시성의 상대성에서 인정을 하였다.
동시에 친 번개가 있고 달리는 기차가 있다.
달리는 기차는 모든 관성계의 하나인 움직이는 관성계이고 광속 불변의 법칙은 그러한 관성계에서 빛의 속도가 같다는 것이다.

동시에 친 번개가 모든 관성계에서 같다는 것이 아인슈타인의 특수상대성 이론의 기본 전제이기 때문에 동시에 친 번개는 동시에 기차에 도착하였어야 하는 것이었다.

하지만 아인슈타인은 모든 곳에서 흐르는 시간은 다르다는 것을 말하기 위하여 특수상대성 이론의 전제 조건인 광속불변의 법칙을 부정하였다.

이것은 수 많은 상대성 이론의 오류중 하나일 뿐이다.

6. 기차 추론이란

기차가 사선으로 오르지 않는다는 것을 알기 위해서는 사선으로 오른다는 의미를 알아야 할 것 같다.

보다시피 바닥에는 전구가 있고 천장에는 거울이 달려 있다. 천장까지의 높이는 l이다. 바닥에 있는 빛이 천장에 닿는 데까지는 $\frac{l}{c}$의 시간이 걸린다.

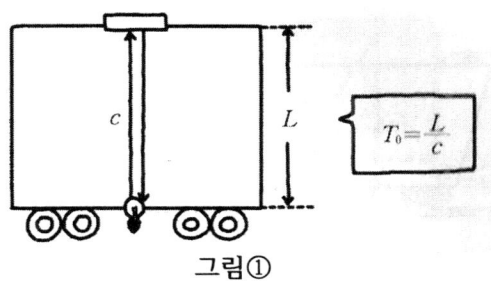

그림①

그림②에는 기차가 t의 시간 동안 v의 속력으로 달리고 있다. 기차 안에서는 바닥의 빛이 높이 l을 오르는데 $\frac{l}{c}$의 시간이 걸린다.

하지만 기찻길 옆의 둑방 길을 가는 사람이 기차 안을 봤을 때 바닥에 있는 형광등 불빛이 천장까지 오르려면 사선으로 오르고 그 길이는 $\sqrt{(vt)^2+l^2}$ 가 되어 빛이 사선으로 오르는데 $\dfrac{\sqrt{(vt)^2+l^2}}{c}$ 의 시간이 걸린다는 것이다.

기차 안에서 빛이 오르는데 걸리는 시간이 $\dfrac{l}{c}$ 기차 밖에서 같은 빛이 천장에 오르는데 걸리는 시간이 $\dfrac{\sqrt{(vt)^2+l^2}}{c}$ 이므로 기차 안의 시간이 느리게 흐른다는 주장이 기차 추론이다.
 하지만 내 주장은 기차 안의 빛이 사선으로 흐르지 않는다는 것이다.
그리고 실제로 기차 안에서는 직선으로 오른다.
이에 대한 설명은 추후에 자세히 해 놨다.

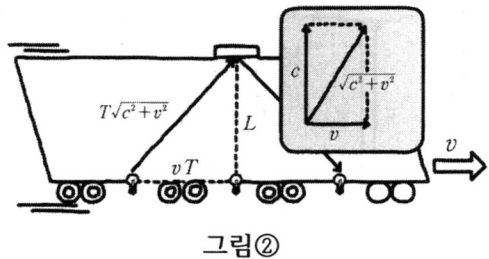

그림②

그림③을 보면 사선 $\sqrt{(vt)^2+l^2} = ct$ 이 되고

$(vt)^2 + l^2 = (ct)^2$

$(c^2 - v^2)t^2 = l^2$, $t^2 = \dfrac{l^2}{c^2 - v^2}$, $t = \dfrac{l}{\sqrt{c^2(1-\dfrac{v^2}{c^2})}}$, $t = \dfrac{l}{c\sqrt{1-\dfrac{v^2}{c^2}}}$,

$t = (\dfrac{l}{c})\dfrac{1}{\sqrt{1-\dfrac{v^2}{c^2}}}$

이 된다는 것이다.

즉 기차 안에서는 $\dfrac{l}{c}$의 시간이 흐르는데 밖에서 기차 안을 보면

$(\dfrac{l}{c})\dfrac{1}{\sqrt{1-\dfrac{v^2}{c^2}}}$ 의 시간이 걸려 시간이 $\dfrac{1}{\sqrt{1-\dfrac{v^2}{c^2}}}$ 만큼 늘어난다는 이야기 이다.

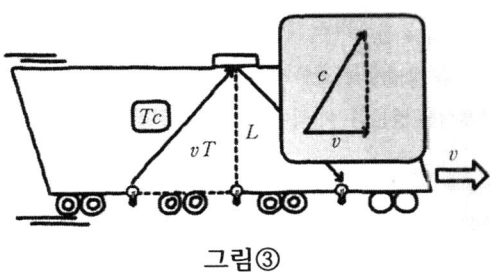

그림③

윗 글과 그림을 통해서 위 기차의 사선 추론이 잘못된 것임을 밝히겠다.

우선 기차가 사선이 형성되는데 걸린 시간 동안 달린 시간을 t_1이라고 하고 사선이 형성되는데 걸린 시간을 t_2 그리고 기차 안에서 빛이 바닥에서 천장까지 오르는데 걸린 시간을 t_3라 한다면 기차가 v의 속도로 달리는 t_1시간 동안 사선이 형성되므로 자연스레 $t_1 = t_2$ 가 되고 사선이 형성되는 시간은 기차 내의 빛이 처음 오르기 시작할 때 형성되기 시작하여 그 빛이 위의 천장에 닿을 때 끝난다.

그래서 t_2는 결국 t_3랑 같게 될 수 밖에 없다.
그러니 사선을 오르는데 걸린 시간은 계산을 통해 구할 필요 없이 $t_1=t_2=t_3$ 이다.

그러므로 기차의 사선 추론은 아무런 의미가 없는 것이었다.

7. 기차 추론에서 빛은
사선이 아닌 직선으로 오른다.

기차 추론이나 우주선 추론에서 빛이 수직선이 아닌 사선으로 간다는 결론을 바탕으로 특수 상대성 이론을 설명하는 글들이 많다.

어두운 짙은 밤중에 밖으로 90도 각도로 플래시를 켜고 기차가 달린다고 상상해보자.
90도 각도란 조금의 기울어짐이 없이 정중앙 밖을 향해 비춘다는 것이다.
위의 학설이 맞다면, 기차가 달리는 동안 빛은 기울어져 정직선이 아닌 지나온 곳을 비추게 될 것이다.
하지만 일상적으로 우리는 플래시 불빛이 계속해서 정중앙을 가리키며 기차를 따라 움직일 것이라는 것을 잘 알고 있다.

사실 천문학적 수치까지로 따진다면 약간 지나온 곳을 비춘다. 하지만 빛은 그 만큼 더 많은 시간이 걸리게 된다. 다음의 글들은 그런 오차는 넣지 않았다.

두 열차가 같은 속도를 유지하며 일직선으로 달리고 있다고 가정하자.
빛의 다른 속성은 모두 같은데 빛의 속도가 실제와 다르게 매우 느리다고 가정해 보자.
나는 1번 기차의 A 지점의 정중앙에서 나와 나란히 가고 있는 2번 기차의 정중앙인 B 지점에 있는 철수를 향해 빛을 쏜다.
밖으로 비춘 플래시 불빛이 90도를 유지하며 나아가는 것처럼 내가 쏜 빛도 식물이 위로 성장하듯 점점 길어지며 철수에게로 나아가다 B 지점에 이르러 철수에게 닿게 되는 것이다.

이때 광원인 레이저에서 나오는 불빛은 B 지점에서 서로 맞닿게 되는 것이다.
그 길이는 양 기차의 최단 거리가 된다.
이와 같은 원리를 기차추론이나 우주선 추론에 적용하면 빛이 어떻게 일직선으로 오르는지 알 수 있게 된다.

기차의 A 지점의 바닥에서 일직선 위의 천장의 거울로 쏘아진 빛은 식물이 천천히 자라듯 길어지다 조금 떨어진 B 지점에 이르러 바닥의 광원과 서로 맞닿게 되는 것이다.
물론 수직선으로 말이다.

그 길이는 정지해 있을 때와 똑같은 길이 L이고 L이 형성되는 데 걸린 시간은 정지해 있을 때 걸린 시간과 같게 된다.
그래서 우리는 달리는 기차 안에서의 시간이 정지해 있을 때랑 똑같은 시간이 흐른다는 것을 알 수 있다.

기차 안에서의 시간은 기차 안에서 재는 것이 가장 타당하다. 기차 안에서 흐르는 시간의 속도는 기차 밖에서 측정해도 변하지 않는다.

우리는 기차 안에서 기차가 아무리 빨리 달려도 정지해 있을 때와 똑같이 기차 안에서의 불빛이 일직선을 유지한다는 것을 잘 알고 있다.

기차 안에서의 시간의 흐름은 기차가 정지해 있을 때 흐르는 시간의 흐름과 같고 기차가 정지해 있을 때 흐르는 시간의 흐름은 그냥 기차 밖에서 흐르는 시간의 흐름과 같은 것이다.

그러므로 빠르게 움직이는 기차 안에서의 시간의 길이는 기차 밖에서 흐르는 시간의 길이와 같다.
여기에는 어떤 다른 의견이 개입될 수 없다.

손전등을 켜고 줄을 연결한 다음 360도로 돌려보자.
빛이 어디를 향하든 광원은 그 빛과 연결되어 있다.
기차도 마찬가지다.

A 지점의 빛은 열차가 움직일 때 식물이 위로 성장하듯 위쪽으로 이동하며 그 빛은 항상 광원과 연결되어 있다.
그 빛이 조금 떨어진 B 지점의 천장의 거울에 도달하면 광원은 그 수직선 바로 아래에 있게 된다.

아인슈타인의 논리는 위로 던진 공이 기차 안에서는 단순히 위로 올라갔다 내려오는데, 밖에서 보면 포물선을 그리며 더 먼 거리를 갔다가 내려오는 것처럼 보이는 것에서 비롯된 것이다.

실질적으로 기차 밖에서 보면 공은 더 먼 거리를 움직인다.

하지만 기차 안에 있는 사람에게는 그냥 위로 올라갔다 내려올 뿐이다.
거리가 훨씬 짧아진다. 그러한 논리가 다름 아닌 빛에 그냥 적용한 것이고 그러한 논리는 당연히 우리 상상 속에서 아주 간단한 결론을 도출해 낸다.

예를 더 들어보자. 철수가 기차 안에서 10초 동안에 10m를 간다고 하자.
그 기차는 시속 300km / h의 속력으로 가고 있기 때문에 초당 83.3m를 간다.
밖에 있는 사람의 입장에서 철수가 이동한 거리는 10초 동안에 843m를 간 것이다.
하지만 철수가 걸어간 거리는 10m이다.

그와 같은 논리들이 빛에 적용되는 것이 기차 추론이고 동시성의 상대성 추론이다.
그와 같은 논리를 나는 광속 불변의 법칙에 도입하여 광속 불변의 법칙이 때로는 보는 각도에 따라 다를 수 있음을 보였다.
광속 불변의 법칙이 틀릴 수 있다는 논리는 정확히 총알이 날아간 거리와 똑같은 논리였다.

이동하는 좌표계에서 광속 불변의 법칙을 척도로 사용하는 것은 잘못이다.

우리는 빛의 색다른 성격을 전혀 염두에 두지 않고 그냥 위로 던진 공이나 기차 위에서 걷는 철수와 같은 방식을 빛에 대입한 것이다. 하지만 빛은 늘 직진을 고수한다는 사실과 광원은 늘 빛과 연결되어 있다는 빛의 특이성을 잊지 말아야겠다.

위에서 선보였던 광속 불변의 법칙에 대한 논리에서 나는 83.3m만큼의 속도가 더 나올 것이라고 하였으나 나는 우리 주위에 있는 어떤 측정기로도 그것을 증명할 수 없다.

내 머릿속에서 정지 시간을 감지한 다음에 버튼을 누를 때 인간이 만든 기계가 아무리 정교해도 나의 감각기관은 그것을 따라 잡을 수 없기 때문이다.
그래서 광속 불변의 법칙이 탄생한 것 같다.
광속이나 세슘 원자의 진동수나 수소원자의 진동수는 늘 한결 같아 시계로 사용하기도 한다.

인간이 소립자에 관해 연구하다가 1시간에 2m를 직선으로 등속 이동하는 소립자를 발견했다고 가정하자.
그 소립자의 이동은 수소원자시계나 세슘원자 시계로 정확성을 측정하였는데 10^{10}의 정확성으로 한 시간에 정확히 2m를 이동한다. 그래서 그 소립자는 빛보다 더 정확한 추정치로 시간을 측정하는데 사용하게 되었다.
광속불변처럼 그 소립자의 속도도 불변이다.

서울역에서 출발하여 대전까지 200km/h로 달리는 ktx 내에 둥근 유리관을 수직으로 세우고 출발과 동시에 그 소립자를 빛처럼 바닥에서 수직으로 천장으로 이동하게 하였다.
서울에서 대전까지는 정확히 200km 라고 가정하면 ktx가

서울역에서 대전역까지 가는데 1시간이 걸린다.
그리고 기차의 바닥에서 천장까지의 거리는 정확히 2m라고 가정한다.
대전역에서 기차가 정차할 때 그 소립자는 정차와 동시에 기차의 천장에 닿는다.
철수 물리학 박사는 상대성 이론에 대한 의심의 말들이 너무 많아 그 소립자를 이용하여 기차가 200km/h의 속도 일 때의 시간의 팽창량을 알려고 그 소립자를 이용하여 실험에 들어갔다.

철수 박사는 소립자가 수직으로 오르지만 소립자 끝이 대전까지 가는 동안 거친 경로를 사선으로 보고 계산에 들어 갔다. 상대성 이론에 대해 말들이 너무 많은 건 빛의 속도가 너무 빠르고 우리가 접할 수 있는 속도들은 빛의 속도에 비해 너무나 느리기 때문이라는 것을 철수박사는 너무나 잘 알고 있어 소립자를 이용한 시간의 팽창량을 구하고자 하는 것이다.

철수 박사의 단점은 무슨 생각이든 밀어 붙이는 것이어서 깊은 생각 없이 실험에 들어갔다.

계산 결과는 너무 뜻밖이어서 철수 박사는 지금까지의 생각을 바꾸어야 한다는 것을 알게 되었다.

왜냐하면 시간의 팽창률은 대전까지 사선으로 오르는 소립자가 간 거리를 생각해 보면 되는데 그 거리는 $\sqrt{200000^2 + 2^2}$ m 이다.

그래서 시간 팽창률은 $\dfrac{\sqrt{200000^2+2^2}}{2}$ m/h 가 되고 $\sqrt{200000^2+2^2}$ m를 그냥 200,000로 하면 시간의 팽창은 100,000 /h 배가 되는 값이 나왔기 때문이다.

결국 철수 박사는 특수상대성 이론이 잘못된 것이라고 결론지었다.

여기서 사선의 진정한 의미를 말해야 할 것 같다. 사선은 빛이 오르기 시작한 광원이 출발점이 되고 천장에 닿는 점이 종착지가 되는 것이다. 광원은 그 와중에도 위로 오르는 빛과 동일하게 직진하기 때문에 사선 추론은 잘못된 것이다.
만일 기차추론이나 우주선추론에서 생각하는 사선이(빛이 수직으로 오른다는 가정 하에) 빛이 기차 내에서 수직으로 오르는 동안 빛의 끝이 지나는 길로 잘못 생각할 수도 있다. 하지만 곰곰이 생각해 보면 그 길은 빛알이 지난 길이고 빛알은 한번 지나면 없어진다 그래서 그 길은 연속적인 빛을 형성 할 수 없다. 그래서 빛이 아니다.

우리가 그것을 그런 식으로 쉽게 인식하는 것은 빛의 속성을 위로 던진 공과 똑같은 식으로 생각을 해서이다.
위로 던진 공은 기차 안에서는 직선으로 올라갔다가 내려오지만 밖에서 보면 포물선을 그린다.
기차 추론에 맞는 것이 위로 던진 공이다.
위로 던진 공은 A 지점에서 위로 던지면 B 지점에 가서 맞는다.
공이 그러한 이유는 공에는 무게가 있고 무게가 있는 물질은 달리는 기차 안에서는 앞으로 직진하려는 관성이 작용하기 때문이다.

하지만 빛은 무게가 없기 때문에 관성이 적용되지 않는다. 그렇기 때문에 직선으로 오르는 것이다.

A 지점에서 위로 권총을 발사했다고 가정하고 총알에는 일체의 관성이 적용되지 않는다면 총알은 A 지점의 바로 수직선 위로 날아가지, 조금 떨어진 거리의 천장인 B 지점에 가서 맞지 않는다.

아무리 수소 원자시계가 정확해도 우리 인간의 감각 기관은 수소 원자시계의 정확성을 받들어 줄 만큼 정확하지가 않다.

내 머릿속에서 정지 시간을 감지한 다음에 버튼을 누르면 인간이 만든 기계가 아무리 정교해도 우리의 감각기관은 그것을 따라잡을 수 없기 때문이다.
현대 물리학은 빛의 매개체가 없다고 한다.
만일 그렇지 않다면 그리고 빛의 매개체가 기차나 우주선과 같이 가지 않는다면 빛이 위로 오르는 양상은 약간 달라진다.

A 포인트에서 처음 발사된 빛은 번쩍임으로 끝나지만, 그 번쩍임은 점점 길어지는 빛줄기들의 꼭대기와 같이 위로 올라가며 마지막으로 길이 L을 형성하며 빛줄기가 천장에 닿을 때 같이 천장에 닿는다.
그때, 즉 광원이 일직선을 형성하며 천장에 닿을 때, 처음의 번쩍임과 모든 중간에 형성된 빛의 기둥들은 동시에 천장에 닿게 된다.

하지만 빛은 늘 직진을 고수한다는 사실과 광원은 늘 빛과 연결되어 있다는 빛의 특이성을 잊지 말아야 한다.

총알에 대한 속도를 계산해 보았다. 하지만 그 총알의 속도는 달리는 기차를 정지 좌표계로 보았을 때만 기차의 속력의 영향을 받아 빨라지거나 느려진다. 둑 위에서 쏘아진 총알을 보는 사람에게는 총알의 출발점이 이동하는 총알의 원점인 총구의 끝이 아니라, 총알이 날아가기 시작한 이미 총구의 끝이 지나온 지점이 된다. 그러므로 총알의 속도는 변하지 않는다.

그와 마찬가지 경우가 켜진 미등의 속도에도 적용이 된다. 이동하는 미등을 원점으로 보았을 때는 빛의 속도는 당연히 기차의 속력 덕에 평균 속도가 증가한다. 하지만 둑 위에서 달리는 기차를 보고 있는 사람에게는 미등이 켜진 위치가 원점이 되기 때문에 빛의 속력이 변하지 않는다.

즉 이동하는 좌표를 정지 좌표계로 보지 말아야 하는 것이 원칙이었다. 하지만 아인슈타인은 그렇게 하지 않았다.

A 지점에서는 빛이 발사되고 천장에는 거울이 있다.
사선을 형성하며 기차가 빛의 속력으로 달린다고 가정하자.
우리나라에서조차 입자가속기를 통해 소립자를 빛의 속력의 99.99999xx를 이루어 낸 적이 있다.

그 정도면 그냥 빛의 속도라 해도 될 만한 수치라고 생각한다.
그리고 그 수치를 이루는 데 무한대의 에너지가 들어간 것도 아니다.

그래서 기차의 속력을 빛의 속력이라 해도 무방하다고 생각한다.
B 지점은 A 지점이 2m를 가기 전 빛이 출발하는 A 지점의 수직선 위를 가리킨다.
C 지점은 광원인 레이저를 가리키며 A 지점이 2m를 이동한 지점이다.
C 지점의 천장에는 D 지점이 있다.

A 지점에서 빛이 발사될 때 기차는 빛의 속력으로 2m를 이동하고 처음 발사된 빛은 2m 높이의 천장을 향해 올라간다.

기차 내에서 보았을 때 처음 A 지점에서 발사된 빛이 천장의 D 지점에 닿는 시간은 t이다.
그리고 기차가 2m의 구간을 가는 데 걸리는 시간 또한 t이다.
그 사이에 사선이 형성된다.
사선이 형성된 시간은 기차가 빛의 속도로 2m를 간 시간이며 기차 내부의 빛이 바닥에서 천장까지 오르는 데 걸리는 시간이다.
빛은 2m를 가는 동안 천천히 식물처럼 자라 2m 지점인 D에 도착했을 때 천장에 닿지만 빛이 사선으로 오른다는 사람들에겐 꼭짓점이 A, B, C, D인 정사각형의 대각선이 아인슈타인이 말하는 사선이며 우리 모두가 기차 추론이나 우주선 추론에서 이야기하는 사선이 된다.

앞서 얘기 했듯이 그것은 연속된 빛을 형성 할 수 없다.

한번 지난 빛은 바로 사라지기 때문이다.
빛은 서로 연결되어 있어야 한다.
그리고 빛의 속력은 늘 c이기 때문에 그런 식으로 형성된 사선이 빛이라고 할 수는 없다.
그리고 빛이 오르는데 걸린 시간은 절대정지 공간인 우주선 안에서 재야 한다.
그 빛을 밖에서 카메라로 찍어도 사선이 아닌 수직선으로 나올 수 밖에 없다.

빛의 끝은 긴 사선을 지나는 게 맞지만 그것은 빛이 아니다. 빛알 하나가 사선의 처음부터 사선의 끝까지 이동하는 거라면 맞을 것이다. 연속된 빛을 만들지 못한다.

16장에 동시성의 상대성이 나온다.
그곳에는 동시에 친 번개가 인간이 만든 기차의 속력에 영향을 받아 빨라지고 늦어(반대쪽 빛의 경우)진다는 아인슈타인의 주장이 나온다.
그 내용 자체는 광속불변의 법칙이 사실이 아님을 인정하는 것이 되며 인간이 만든 교통수단에 의해 빛의 빠르기가 영향을 받는다는 내용이다. 그리고 특수상대성 이론과 맞지 않는다.

하지만 빛이 기차나 우주선의 광원을 떠나는 순간 이동하는 기차나 우주선의 영향을 전혀 받지 않기 때문에 빛은 수직선으로 오른다. 빛이 실제로 이동한 거리는 자라는 나무처럼 수직선을 형성하며 차차 길어지는 2m의 거리이다 그리고 형광등에 반사되어 똑 같이 내려온다.

상대성 이론에서는 빛의 속력으로 이동하면 시간이 무한대가 나온다는데 내가 계산한 것은 빛의 속력으로 기차가 2m를 가는 시간은 정지한 기차에서 빛이 기차 바닥에서 천장까지인 2m를 오르는데 걸린 시간이 된다.
너무나 당연한 결과인데 무한대의 시간이 걸린다는 게 말이 안 된다.
무엇인가가 빛의 속도로 일정한 거리를 이동을 했다면 그 이동한 시간은 실제 빛이 그 거리를 이동한 시간과 같은 것이다. 빛이 태양에서 지구까지 오는 데도 8분 여의 시간이 걸린다고 한다.

태양의 빛은 빛의 속력으로 이동하므로 상대성 이론에 의하면 무한대의 시간이 걸려야 맞는 이야기다.

상대성 이론에 의하면 우리는 태양 빛을 볼 수 없어야 한다.
만일 태양에서 빛의 속도로 슈퍼맨이 지구로 온다면 상대성 이론에 의해 그는 결코 지구에 올 수 없다.
왜냐하면 무한대의 시간이 걸리기 때문이다.

8. 로렌츠 변환의 유도

이 글을 100% 이해하면 이 책의 90% 이상을 얻은 것이라 생각한다.
그래서 지루할 정도로 상세한 설명을 하더라도 그러려니 하고 넘어가길 바란다.
바로 이해되는 사람은 그냥 넘어가도 된다고 생각한다.

x축이 일치하고 상대적으로 움직이는 두 좌표계를 생각해 보자.
이 경우에 x축 위에 있는 사건들만 따로 고려함으로써 문제를 분리해서 다룰 수 있다.

이런 사건은 어떤 것이든 좌표계 K의 x좌표와 시간 좌표 t 그리고 좌표계 K'의 x'좌표와 시간 좌표 t'만으로 설명할 수 있다.
x와 t를 알고 있을 때 x'와 t'를 구해 보자.

x좌표축이 있다.
1차원의 선이다.
각각에는 좌표 값이 있고 좌표 값은 시간과 속도에 영향을 받는다. 좌표 값을 등속 직진(같은 속도로 일직선으로 오거나 간다)하는 기차나 등속 직진하는 자동차로 볼 수 있다.
혹은 등속 직진하는 빛으로 볼 수도 있다.
그러기 위해선 도로와 기찻길이 일직선이어야 하는데 그런 도로는 가상에만 존재한다.

속도는 기차나 자동차의 속도이고 특수 상대성 이론에 해당하려면 늘 속도가 같아야 한다.
시간은 기차나 자동차가 한쪽 방향으로 이동한 거리에 대해 걸리는 시간이다.

각 좌표에 해당하는 기차나 자동차는 x나 x'로 표현되고 시간은 t나 t'로, 속도는 v로 표현된다.
c는 빛의 속도이다.

좌표축은 정하기 나름인데 내가 대전역의 정면에서 오른쪽으로 일직선(가상)으로 나 있는 철길을 x축의 + 좌표축 왼쪽에 일직선(가상)으로 나 있는 철길을 -좌표축으로 본다면 정점인 대전역은 원점이 된다.
대전역을 건너가 보게 되면 +가 -가 되고 -가 +로 바뀌는 것을 볼 수 있다.

그래서 나중에 상수를 계산해 보면 같은 값이 나온다.

x축을 따라서 양의 방향으로 빛이 다음의 식에 의해 전파되고 있다.

$$x = ct$$

(광속에 시간을 곱하면 거리가 나오고 이 경우에는 x는 빛이 간 거리이다.
지구를 원점으로 하고 태양을 향해 빛을 8분간 발사하면 빛의 끝인 x는 태양에 가 있게 된다.
t가 1초라면 빛은 30만 km 떨어진 어딘가에 가 있을 것이다.)

즉
$x - ct = 0$ ⋯⋯ (1) 식

(여기서부터는 간단한 수학식이다.
굳이 설명을 안 해도 되리라 생각한다.
ct를 좌변으로 옮긴 것이다.)

이다.
K' 좌표계에 대해서도 빛이 같은 속도 c로 진행되어야 기 때문에 좌표계 K'에 대한 빛의 진행은 다음과 같은 유사한 공식으로 표현할 수 있다.

$$x' - ct' = 0$$ ⋯⋯ (2) 식

(여기서 유의해서 봐둘 부분은 x가 0이면 t 또한 0 이라는 것이다. 즉 양 좌표계의 원점은 (0 , 0)이라는 것이다)

식 (1)을 만족하는 시공간 좌표 점은 (사건)은 (2) 식을 충족해야 한다.

일반적으로 다음 관계가 충족된다.
$$(x' - ct') = \lambda(x - ct) \quad \cdots\cdots \quad (3) \text{ 식}$$
여기서 λ는 상수이다.
똑같이 음의 방향으로 진행하는 빛을 고려하면 다음 조건을 얻게 된다.

$$(x' + ct') = u(x + ct) \quad \cdots\cdots \quad (4) \text{ 식}$$

(여기서 ct는 속도와 시간이므로 음수가 나올 수 없다.
그래서 반대 방향, 즉 음의 방향으로 이동하는 빛을 표현하는 것이 위의 식이고 여기서 x와 x'는 음수가 될 수밖에 없다.

만약 위의 x와 x'가 양수라면 $x' = -ct'$와 $x = -ct$가 성립돼야 하는데 ct나 ct'가 음수가 될 수 없으므로 식이 성립되지 않는다.

여기서 우리는 두 번째 식의 x와 x'가 음수임을 명확히 하고 넘어가야 한다.)

(3)과 (4)를 더하거나 뺀 후 λ나 u 대신 편리한 상수 a와 b를 도입하면 다음 식을 얻게 된다.

$$\begin{array}{l} x' = ax - bct \\ ct' = act - bx \end{array} \quad \cdots\cdots \quad (5) \text{ 식}$$

여기서 a와 b는 다음과 같다.

$$a = \frac{\lambda + u}{2}$$

$$b = \frac{\lambda - u}{2}$$

(여기서 λ와 u는 상수(변하지 않는 수)이므로 그의 조합인 $a = \frac{\lambda + u}{2}$ 와 $b = \frac{\lambda - u}{2}$ 역시 변하지 않는 상수가 된다.
(3), (4) 식이 (5) 식이 되는 과정을 알아보자.

$$x' - ct' = \lambda x - \lambda t$$
$$x' + ct' = ux + uct$$

두 식을 더하면

$$2x' = (\lambda + u)x - (\lambda - u)ct$$
$$x' = \frac{\lambda + u}{2}x - \frac{\lambda - u}{2}ct \text{ 가 되어}$$
$$x' = ax - bct$$

가 된다.

다음 두 식을 **빼면**

$$-2ct' = (\lambda - u)x \text{ 와 } -(\lambda + u)ct$$
$$ct' = -\frac{\lambda + u}{2}x + \frac{\lambda + u}{2}ct \text{ 가 되어}$$

$$ct' = act - bx$$

가 된다.
여기서의 계산적 오류는 뒤에 한 번 더 나오겠지만 (3) 식,

(4) 식의 두 개의 x와 x'는 같은 x나 x'가 아니라 (3) 식의 x나 x'는 양수 그리고 (4) 식의 x나 x'는 음수이기 때문에 두 식을 더하거나 뺀다고 $2x'$ 나 $\dfrac{\lambda+u}{2}x$ 가 나올 수 없는 것이다.

그래서 아예 더 이상 공식의 전개를 할 수 없는 상황이었다.

상수 a와 b를 알면 문제의 답을 얻게 된다.

다음과 같이 이 상수들을 구할 수 있다.

좌표계 K'의 원점에서 언제나 $x' = 0$이다.

따라서 (5) 식의 첫 번째 식에 의하면 다음과 같다.

$$x = \dfrac{bc}{a}t$$

(K'의 원점은 0이고 0을 대입하면 위의 관계식을 얻게 된다. 그냥 x'에 0을 대입하면 위의 관계식이 얻어지는데 좌표계 K'에 대하여 좌표계 K가 위의 속도로 이동한다는 것도 된다. 그냥 서로 상대적 속도 $\dfrac{bc}{a}$로 두 좌표계가 움직인다고 생각하면 된다.

잘 이해가 안가는 분도 계시리라 생각한다.
그런 분들은 그냥 그렇구나 하고 넘어가면 무난할 것 같다.)

좌표는 기차와 자전거, 기차와 둑, 이렇게 둘 다 움직이는 좌표계도 있고 정지된(둑) 좌표도 있다.

두 좌표계가 모두 움직인다면 하나는 정지된 것으로 이해하는 것이 편하다.)

좌표계 K'의 원점이 좌표계 K에 대해서 속도 v로 움직이고 있다면 다음과 같다.
$$v = \frac{bc}{a} \quad \cdots\cdots \quad (6)\ 식$$

좌표계 K'의 다른 점들에 대해서 좌표계 K에 대한 속도를 계산하면 (5) 식으로부터 속도 v를 구할 수 있다.

또는 좌표계 K에 대한 좌표계 K'의 속도를 음의 방향으로 이용해도 마찬가지다.

간단히 말하면 속도 v를 두 좌표계의 상대 속도로 표시할 수 있다.

좌표계 K'에 대해 정지해 있는 측정자의 길이를 좌표계 K에서 측정한 값은 좌표계 K에 대해 정지해 있는 측정자의 길이를 좌표계 K'에서 측정한 값과 같다.
이것이 상대성 원리가 가르치고 있는 것이다.

좌표계 K'의 x'축 위에 있는 점이 좌표계 K 에서 어떻게 보이는지 알려면 좌표계 K에서 좌표계 K'의 사진을 찍으면 된다.

이것은 좌표계 K의 임의의 시간 값(예를 들어 t = 0)을 집어넣으면 된다는 것을 의미한다.
시간 t가 0인 경우 식 (5)의 첫 번째 식에 의하면 다음과 같다.

(그냥 말 그대로 해석하면 될 것 같다.
달리는 택시에서 옆에 지나가는 기차가 어떻게 보이는지 알려면 그냥 사진을 찍으면 되는 것이다.

좌표 및 좌표계 운운하다가 그냥 일상적인 생활에서 쓰는 사진이라는 것이 나오니까 이상하리라 생각한다.

하지만 우리가 좌표계라고 하는 것들이 자동차나 택시나 기차나 트럭이나 빛 등을 얘기하는 것이라고 한다면 조금 이해가 가리라 생각한다.
지나가는 기차에 어린 학생이 타고 있는데 그 학생이 어떻게 생겼는지를 알려면 사진을 찍으면 된다는 의미이다.
그럴 경우 시간 값이 0이면 두 좌표 모두 정지한 것이 된다.

그럴 경우 다음과 같은 관계식이 얻어진다.
그냥 (5) 식의 t에 시간 값 0을 대입하면 다음의 관계식이 얻어지는데 이에 대한 수학적 오류는 뒤에 자세히 적어 놓았다.)

$$x' = ax$$

좌표계 K'에서 거리 $\triangle x' = 1$만큼 떨어져 있는 좌표축 x' 위의 두 점은 좌표계 K에서

$$\Delta x = \frac{1}{a} \quad (7) \ 식$$

(K'의 원점에서 1만큼 떨어져 있는 점은 K' 좌표에 1을 대입하면 K 좌표계에서 그 값이 어떻게 되는지 알 수 있다는 것이다.
어려우면서 쉬운 것이 사실이다.)

만큼 떨어져 있다. 좌표계 K'(t'=0)의 (6) 식을 이용해서 (5) 식에서 시간 변수 t를 제거하면 다음 식을 얻는다.

$$x' = a(1 - \frac{v^2}{c^2})x$$

좌표계 K에 대해서 1만큼 떨어져 있는 축 위의 두 점은 다음 식으로 표현할 수 있다.

$$\Delta x' = a(1 - \frac{v^2}{c^2})$$

(지금까지 해 왔던 것처럼 x에 1을 대입하면 K에서 1만큼 떨어져 있는 좌표가 K'에서는 어떻게 보이는지 알 수 있다.)

이미 말한 바와 같이 두 장면은 동일하다. 즉 식 (7)에 있는 Δx는 식 (7a)에 있는 $\Delta x'$와 같아야 한다.

따라서 다음과 같다.

$$\frac{1}{a} = a(1 - \frac{v^2}{c^2}) \quad a = \frac{1}{a(1 - \frac{v^2}{c^2})}$$

$$a^2 = \frac{1}{1 - \frac{v^2}{c^2}} \quad \cdots\cdots \quad (7b)$$

(위의 말뜻은 K'에서 1만큼 떨어져 있는 좌표를 K 좌표계에서 보는 것과 K 좌표계에서 1만큼 떨어져 있는 좌표를 K'에서 보는 것은 같다는 것을 의미한다.
그러므로 Δx 와 $\Delta x'$ 은 같다는 것을 의미한다.)

식 (6)과 (7b)는 상수 a와 b를 결정한다. 이 상수들을 식 (5)에 넣으면 11장에서 얻은 첫 번째와 네 번째 식이 된다.

$$x' = \frac{x - vt}{\sqrt{1 - \frac{v^2}{c^2}}} \quad \cdots\cdots \quad (8) 식$$

$$t' = \frac{t - \frac{v}{c^2}x}{\sqrt{1 - \frac{v^2}{c^2}}} \quad \cdots\cdots \quad (8) 식$$

-아인슈타인 저 《상대성 이론》 중에서 -

다음 글은 윗부분과 중복된 글이나 수학적 오류를 지적하기 위하여 적어 놓는다.
다음 글은 아인슈타인이 직접 저술한 《상대성 이론》이라는 책에 나오는 내용이다.

x축이 일치하고 상대적으로 움직이는 두 좌표계를 생각해보자. 이 경우에 x축 위에 있는 사건들만 따로 고려함으로써 문제를 분리해서 다룰 수 있다.

이런 사건은 어떤 것이든 좌표계 K의 x좌표와 시간좌표 t, 그리고 좌표계 K'의 x'좌표와 시간 t'좌표만으로 설명할 수 있다.

x와 t를 알고 있을 때 x'와 t'를 구해 보자 축을 따라서 진행하는 빛이 다음의 식에 의해 전파되고 있다.

$$x = ct$$

즉 $x - ct = 0$ ······ (1)

K'좌표계에 대해서도 빛이 같은 속도로 진행되어야 하기 때문에 좌표계 K'에 대한 빛의 진행은 다음과 같은 유사한 공식으로 표현할 수 있다.

$$x' - ct' = 0 \quad \cdots\cdots \quad (2)$$

(1) 식을 만족하는 시공간 좌표 점(사건)은 (2) 식을 충족해야 한다. 일반적으로 다음 관계가 충족된다.

$$(x' - ct') = \lambda(x - ct) \quad \cdots\cdots \quad (3)$$

여기서 λ는 상수이다.
똑같이 음의 방향으로 진행하는 빛을 고려하면 다음 조건을 얻게 된다.

$$x' + ct' = u(x + ct) \quad \cdots\cdots \quad (4)$$

(3) 식과 (4) (식)을 더하거나 뺀 후 λ나 u 대신 편리한 상수 a와 b를 도입하면 다음 식을 얻게 된다.

$$x' = ax - bct \cdots\cdots (5)$$
$$ct' = act - bx \cdots\cdots (5)$$

여기서 a와 b는 각각 다음과 같다.

$$a = \frac{\lambda + u}{2}$$
$$b = \frac{\lambda - u}{2}$$

상수 a와 b를 알면 문제의 답을 얻게 된다.
다음과 같이 이 상수들을 구할 수 있다.
좌표계 K'의 원점에서 $x' = 0$이다. 따라서 (5) 식의 첫 번째 식에 의하면 다음과 같다.

$x = \dfrac{bc}{a} t$ 좌표계 K'의 원점이 좌표계 K에 대하여 속도 v로 움직이고 있다면 $v = \dfrac{bc}{a}$ 이다.

-아인슈타인 저 《상대성 이론 중》에서 -

9. 수학적 오류 (원점의 값을 대입했을 때 서로 다른 속도 값이 나온다)

여기서 식 (5)의 첫 번째 식에 원점의 값 $x'=0$을 대입했을 때

$$x = \frac{bc}{a}t$$

가 나왔다. 그런데 두 번째 식에 원점의 시간 값 $t'=0$을 대입하면

$$x = \frac{ac}{b}t$$

가 된다. 두 식에 원점의 값을 대입했는데 그 결과는 같지 않고 한 값은

$$x = \frac{bc}{a}t$$

이고 다른 값은

$$x = \frac{ac}{b}t$$

이다. 벌써 잘못된 곳이 나온다. (5) 식을 이용해 좌표계 K에

대한 좌표계 K'의 속도 값 v를 구했는데 서로 다른 속도 값

$$v = \frac{bc}{a} \quad \text{와}$$

$$v = \frac{ac}{b}$$

이라는 모순된 결론이 나온다.

10. 수학적 오류 (양수와 음수를 구분하지 않고 계산했다)

(5) (식)은 잘못 유도된 식이다.
(3) 식과 (4) 식을 더하거나 뺀 후 편리한 상수를 도입하여 식을 얻는 과정과 잘못된 부분을 살펴보자.

위 식을 (3) (식)인 $(x' - ct') = \lambda(x - ct)$는 양의 방향으로 움직이는 빛을 나타낸 식이므로 (3) 식의 x 와 x'는 양수이다.

그리고 음의 방향으로 움직이는 빛을 나타낸 식인 (4) 식의 x 와 x'는 음수이다.
(3) 식과 (4) 식을 더해 보자.

(3) 식의 x 와 x'는 양수이고 (4) 식의 x 와 x'는 음수이므로 두 식을 더하면

x'(양의 수) + x'(음의 수) = λx (양의 수) +λx (음의 수) -$\lambda ct + uct$
가 되어 더 이상 공식을 전개할 수 없다.
아인슈타인이 로렌츠 변환식을 유도하는 과정에서 잘못 계산한 것 중 한 가지는
x'(양의 수) + x'(음의 수)를 $2x'$로 놓고

λx(양의 수) + ux(음의 수)를 $(\lambda + u)x$로 계산했는데

이 부분, 즉 양의 수와 음의 수는 서로 다른 값인데 이를 $2x'$로 묶고 $(\lambda+u)x$로 묶어 계산한 부분이다.

x'(양의 수) + x'(음의 수) = $2x'$가 될 수 없다

두 식을 **빼는** 과정에서도 똑같은 실수를 범했다.

11. 정정하여 유도한 로렌츠 변환식

나는 여기서 잘못된 부분을 다음과 같이 정정해 풀어보겠다.
위의 (3) 식과 (4) 식의 x 와 x' 를 양의 수와 음의 수로 나누어 계산하고자 한다.

우선 양의 x 를 X 로 양의 x' 를 X' 로 치환하여 위식을 더하고 **빼보자**.
양의 x 와 x' 를 X 와 X' 로 치환하여 (3) 식과 (4) 식에 대입하면 다음 식이 나온다.

$$X' - ct' = \lambda(X - ct)$$
$$-X' + ct' = u(-X' + ct)$$

두 식을 더하면

$$bx = bct \quad \cdots\cdots \quad (6)$$

이 된다.
이번에는 두 식을 빼보자. 그러면 다음 식을 얻는다.

$$x' = ax - act + ct' \cdots\cdots (7)$$

x 와 x' 가 음의 수일 경우에는 다음의 식이 나온다.

$$bx = -bct \quad (\text{두 식을 더했을 경우})$$
$$x' = ax + act - ct' \quad (\text{두 식을 뺐을 경우})$$

다음 글 또한 그 아래에 있는 수학적 오류를 확인하고자 중복된 걸 알면서 적어 놓는다.

좌표계 K'의 다른 점들에 대해서 좌표계 K에 대한 속도를 계산하면 (식) 5로부터 속도 v를 구할 수 있다.
또는 좌표계 K에 대한 좌표계 K'의 속도를 음의 방향으로 이용해도 마찬가지이다.

간단히 말하면 속도 v를 두 좌표계의 상대 속도로 표시할 수 있다.

좌표계 K'에 대해 정지해 있는 측정자의 길이를 좌표계 K에서 측정한 값은 좌표계 K에 대해 정지해 있는 측정자의 길이를 좌표계 K'에서 측정한 값과 같다.

이것이 상대성 원리가 가르치고 있는 것이다.
좌표계 K'의 축 위에 있는 점이 좌표계 K에서 어떻게 보이는지 알려면 좌표계 K에서 좌표계 K'의 사진을 찍으면 된다.

이것은 좌표계 K의 임의의 시간 값을 (예를 들어 0) 집어넣으면 된다는 것을 의미한다.

시간 $t=0$ 일 때 (5) (식)의 첫 번째 식에 의하면 다음과 같다. 앞에서 식(5)는

$$x' = ax - bct \quad \cdots\cdots \quad (5) \text{ (식)}$$
$$ct' = act - bx \quad \cdots\cdots \quad (5) \text{ (식)}$$

이다.

$$x' = ax$$

좌표계 K'에서 거리 $\triangle x' = 1$만큼 떨어져 있는 좌표축 x' 위의 두 점은 좌표계 K에서

$$\triangle x = \frac{1}{a} \quad \cdots\cdots \quad (7)$$

만큼 떨어져 있다.
좌표계 K'(t' = 0)의 식 (6)을 이용해서 식 (5)에서 시간 변수 t를 제거하면 다음 식을 얻는다.

식 (6)은 여기에 적지 않았는데 식 (6)은 다음과 같다.

$$v = \frac{bc}{a} \quad \cdots\cdots \quad (6)$$
$$x' = a(1 - \frac{v^2}{c^2})x \quad \cdots\cdots \quad (7a)$$

좌표계 K에 대하여 1만큼 떨어져 있는 x축 위의 두 점은 다음 식으로 표현할 수 있다.

$$\Delta x = \frac{1}{a}$$

$$\Delta x' = a(1 - \frac{v^2}{c^2})$$

이미 말한 바와 같이 두 장면은 동일하다.
즉 식 (7)에 있는 Δx는 식 (7a)에 있는 $\Delta x'$와 같아야 한다. 따라서 다음과 같다.

$$\frac{1}{a} = a(1-\frac{v^2}{c^2}) \quad a = \frac{1}{a(1-\frac{c^2}{v^2})} \quad a^2 = \frac{1}{1-\frac{v^2}{c^2}} \quad \cdots\cdots \quad (7b)$$

식 (6)과 식 (7b)는 상수 a와 b를 결정한다. 이 상수들을 (5)(식)에 적으면 11장에서 얻은 첫 번째와 네 번째 식이 된다. 이렇게 로렌츠 변환식을 얻었다.

$$x' = \frac{x - vt}{\sqrt{1 - \frac{v^2}{c^2}}} \quad \cdots\cdots \quad (8)$$

$$t' = \frac{t - \frac{v}{c^2}x}{\sqrt{1 - \frac{v^2}{c^2}}} \quad \cdots\cdots \quad (8)$$

12. 수학적 오류

위의 식을 살펴보면, (5) 식의 첫 번째 식인 $x' = ax - bct$ 에 t 값으로 0을 대입하면 다음 식을 얻는다고 하며, x 값과 x' 값의 관계식인 $x' = ax$를 얻은 후 x'에 1을 대입하여

$$x = \frac{1}{a}$$

이라는 관계식을 얻었는데 t가 0일 경우 x값이 0이므로 위의 관계식이 맞다면 a는 무한대가 되어

$$x' = ax \text{ 은}$$

$x' = 0$ 외에 x값과 상수 a와의 어떠한 다른 관계식을 얻을 수 없다.

이렇게 아인슈타인이 구한 로렌츠 변환식은 잘못된 식이고 이의 해석인 상대성 이론 또한 그릇된 이론이다.

좌표계 K'에 대해 정지해 있는 측정자의 길이를 좌표계 K에서 측정한 값은 좌표계 K에 대해 정지해 있는 측정자의 길

이를 좌표계 K'에서 측정한 값과 같다. 이것이 상대성 원리가 가르치고 있는 것이다.

— 아인슈타인 저 《상대성 이론》 중에서 —

이 글을 자세히 들여다보자.
좌표계 K'가 정지한 좌표계든 움직이는 좌표계든 윗글이 의미하는 바는 같지만, 생각의 편리를 위해 K'좌표계를 정지한 둑방길이라고 하자.
그리고 K의 좌표계를 등속 및 직선으로 이동하는 기차라고 정의하자.
그리고 측정자의 길이를 1m의 자라고 하자.

윗글이 의미하는 바를 다시 한번 생각해 보자.
윗글이 의미하는 바는 둑방에서 1m인 측정자의 길이를 달리는 기차 안에 넣고 둑방길에서 계산한 자의 길이와 달리는 기차 안에서 1m인 측정자를 둑방길 위에 놓고 기차 안에서 계산한 값은 서로 같다는 의미이다.

전자를 x, 후자를 x'라고 하면 $x = x'$라는 것을 의미한다는 것이다.
물론 아인슈타인의 해석으로 보면 x와 x'의 값은 동일하지만 1m가 안 된다는 것이다.

여기서 처음에 정한 대전제를 생각해 보자.

둑방길에 놓인 자의 길이는 1m이고 기차에 놓인 자의 길이도 1m라는 데서 윗글은 시작된 것이다.
즉 출발점에서 이미 정한 자의 길이가 물론 줄어들지 않는다.
윗글을 통해 아인슈타인은 자신이 상대성 이론이 모순됨을 스스로 인정한 것이다.

그리고 윗글이 의미하는 바는 시간에도 동일하게 적용된다.

이것을 다음과 같은 이야기로 생각해 보자.
2050년 인류는 고속우주선을 제일 가까운 태양계 행성 밖의 A 별을 탐사하기 위해 보냈다.
아인슈타인이 좋아하는 좌표계를 여기에 도입해 보자.

그리고 지구에서의 시간을 t, 우주선 안에서의 시간을 t' 라고 하자. 지구를 정지한 좌표계로 볼 때 **빠른** 속도로 운행하는 t'의 시간 값은 t의 시간보다 느리게 흐른다.

이번에는 우주선을 정지한 좌표계로 보고 태양계 전체 및 우주가 **빠른** 속도로 우주선을 지난다고 가정하자.

그러면 이번에는 빠른 속도로 이동하는 태양계 및 우주 속의 지구의 시간 t의 시간 값이 t'의 시간 값보다 느리게 흐른다.

즉 양쪽의 시간 값은 좌표계를 어디로 정하느냐에 따라 서로 상반된 결론을 이끌어낸다.
이동 거리와 길이의 값도 똑같이 적용된다.

13. 양의 수와 음의 수를 구분하여 계산해 얻은 식

다음은 내가 정정하여 구한 식이다.

(6) 식 $bx = bct$ (양의 수)

(7) 식 $x' = ax - act + ct'$ (양의 수)

(8) 식 $bx = -bct$ (음의 수)

(9) 식 $x' = ax + act - ct'$ (음의 수)

(7) 식을 정리하면 $x' - ct' = a(x - ct)$ 가 나온다.

빛이 양의 방향으로 갈 때의 상수를 λ라고 했으므로 a = λ 이다.

(9) 식을 정리하면 $x' + ct' = a(x + ct)$

빛이 음의 방향으로 갈 때의 상수를 u라고 했으므로 a = λ = u가 성립된다.

b = $\dfrac{\lambda + u}{2}$, b = $\dfrac{a - a}{2}$, b = 0 이 됨을 알 수 있다.

즉 빛이 양의 방향으로 가든 음의 방향으로 가든 그 상수 값은 같다. 내가 구한 위의 식들에 아인슈타인이 로렌츠 변환식을 유도하는 과정을 바탕으로 각 값들을 대입해 보겠다.

아인슈타인이 x'와 x와의 관계식을 얻은 방식대로 t값에 0을 대입해 보자.

(6) 식에서 t가 0일 경우 x가 0이 나오면 이는 처음의 가정을 충족시킨다.
다시 말해 K 좌표계의 원점의 값은 x = 0, t = 0 이기 때문이다.

K'의 원점의 값인 x' = 0, t' = 0 을 (7) 식에 대입하면 $ax - act = 0$, $a(x - ct) = 0$, $x - ct = 0$ 이다.
이 또한 처음의 정의에 어긋나지 않는다.

그리고 이것이 의미하는 바를 생각해 보자. K'의 원점이 어디에 있던 아니면 K'의 다른 값들이 어떻게 변하던 K의 좌표 값에는 아무런 영향을 미치지 않는다는 뜻이다. 하지만 상대성 이론에 의하면 둘 중의 하나를 정지 좌표계로 보아야하기 때문에 K'의 원점의 변화는 K의 좌표 값에 직접적으로 영향을 미친다는 것이 상대성 이론이다. 왜냐하면 정지된 좌표계가 아닌 움직이는 좌표계로 정해진 좌표계는 시간 값이 늘어나고 길이 값이 줄어들기 때문에 그런 좌표계로 정해진 좌표계의 좌표 값은 다른 좌표계의 좌표 값에 직접적인 변화를 가져다주는 것이 상대성 이론이다. 그러므로 내가 정정하여 풀이한 좌표값은 상대성 이론과는 전혀 다른 결론을 도출해 낸다 내가 정정하여 유도한 이 간단한 수식 하나도 상대성 이론이 잘못됐다는 것을 말해주고 있다.

예를 들어 K' 좌표계가 정지해 있고 K 좌표계가 v의 속도로 이동을 하여도 양 좌표계의 값은 서로 영향을 미치지 않는다는 뜻이다.

(7) (식)을 정리하면 $x' - ct' = a(x - ct)$, a= λ이므로
$x' - ct' = \lambda(x - ct)$ 처음 정의한 값이다.

(9) 식을 정리하면
$x' + ct' = a(x + ct), a = u$ 이므로 $x' + ct = u(x + ct)$가 나와 처음의 정의에 맞는다.

로렌츠 변환식의 값을 살펴보자.

$$x' = \frac{x - vt}{\sqrt{1 - \frac{v^2}{c^2}}}, \quad t' = \frac{t - \frac{v}{c^2}x}{\sqrt{1 - \frac{v^2}{c^2}}}$$

우선 x'값과 t'의 값을 살펴보자. 위의 식을 해석하면 K 좌표계에 비해 상대 속도 v로 이동하는 K'좌표계의 시간 값은 $\sqrt{1 - \frac{v^2}{c^2}}$ 이 1보다 작은 값이어서 시간의 길이가 늘어났다. 그러면 이동 거리를 나타내는 $x - vt$는 뉴턴 역학의 이동 거리이다.

여기서도 곰곰이 생각해 보면 $\sqrt{1-\dfrac{v^2}{c^2}}$ 의 값이 1보다 작은 값이어서 뉴턴 역학에서 구한 길이에 이 값으로 나누면 이동 거리가 시간이 늘어난 것처럼 늘어났다는 것을 의미한다.

그리고 곰곰이 생각해 본 결론은 이동 거리가 늘어나면 측정자의 길이와 기차의 길이 또한 늘어난다는 생각에 이르렀다.

아인슈타인의 측정자의 길이가 줄어든다는 글과 그와 관련된 공식을 살펴 본 바 거기에도 문제가 있었다.

다음은 아인슈타인이 저술한 《상대성 이론》에 나오는 글이다.

움직이고 있는 측정자의 특성

한쪽 끝이 좌표계 K'의 x'축 $x'=0$ 에, 또 다른 끝이 $x'=1$에 위치하도록 측정자를 놓자.

그렇다면 이 측정자의 길이는 좌표계 K에서 얼마일까?
이 질문에 대한 답을 얻으려면 좌표계 K에서 특정한 시간 t 일 때 측정자의 처음과 끝이 어디에 위치하는가를 알아보면 된다.

로렌츠 변환 식의 첫 번째 식 즉 $x' = \dfrac{x - vt}{\sqrt{1 - \dfrac{v^2}{c^2}}}$ 을 이용하여 시간 t = 0 일 때 두 지점의 값은 다음과 같다.

$x' = \dfrac{x}{\sqrt{1 - \dfrac{v^2}{c^2}}}$ 에서 $x = x'\sqrt{1 - \dfrac{v^2}{c^2}}$ x'가 0과 1일 때

$0\sqrt{1 - \dfrac{v^2}{c^2}}$ 과 $1\sqrt{1 - \dfrac{v^2}{c^2}}$ 이 나와서 두 지점 사이의 거리가

$\sqrt{1 - \dfrac{v^2}{c^2}}$ 가 된다고 결론지었다.

- 아인슈타인 저 《 상대성 이론 》 중에서 -

측정자는 K'좌표에서 1이라고 결론짓고(대전제) 그것을 K에서 측정하면 $\sqrt{1 - \dfrac{v^2}{c^2}}$ 로 줄어든다는 것이 아인슈타인의 논리이다.

14. 수학적 오류
(움직이고 있는 측정자의 길이를 구한 식의 오류)

$x' = \dfrac{x - vt}{\sqrt{1 - \dfrac{v^2}{c^2}}}$ 에서 t가 0일 경우, 좌표계 K의 원점이므로 x 또한 0이 된다.

하지만 여기에서 아인슈타인은 커다란 실수를 또 하게 된다.

왜냐하면 t값이 0일 경우 x의 값도 0이 되어

위의 식은 결국 $x = x'\sqrt{1 - \dfrac{v^2}{c^2}}$ 이 아니라

$$0 = \sqrt{1 - \dfrac{v^2}{c^2}}$$

가 되어

v값이 c가 되어야 하는데 v값은 c가 될 수 없으므로 $x' = 0$ 그리고 $0 = 0$이라는 결론 외에는 아무 것도 얻을 수 없다. 다시 말하면

$x = x'\sqrt{1-\dfrac{v^2}{c^2}}$ 는 0 = 0이 되어 x' 값에 1을 대입한다는 것은 아무 의미가 없다.

위의 로렌츠 변환식의 x' 값을 살펴보면
$x' = \dfrac{x-vt}{\sqrt{1-\dfrac{v^2}{c^2}}}$, t 값이 0일 경우, x 값도 0 이 되어 x' = 0
이 되어 이 식은 그냥 x' = 0 , 0 = 0 이 되어 버리는 것이다.

그가 쓴 책을 보면 책 자체가 어렵기 때문에 보는 사람들도 그냥 그러려니 하고 대충 넘어 가는 것 같다.

시간이 늘어나는 것을 다루는 그의 책을 유심히 살펴보자.
좌표계 K'에서 t' = 0과 t' = 1은 이 시계가 단위 시간에 해당하는 만큼 움직인 것을 의미한다.

하고는 로렌츠 변환의 첫 번째 식과 네 번째 식을 통해 다음의 결과를 얻었다고 하였는데

첫 번째 식은 $x' = \dfrac{x-vt}{\sqrt{1-\dfrac{v^2}{c^2}}}$ ……①이고,

네 번째 식은 $t' = \dfrac{t - \dfrac{v}{c^2}x}{\sqrt{1 - \dfrac{v^2}{c^2}}}$ ……② 이다.

첫 번째 식 x 대신 ct를 넣고 두 번째 식에도 x 대신 ct를 넣으면 위 식은

$$x' = \dfrac{(c-v)t}{\sqrt{1 - \dfrac{v^2}{c^2}}} \cdots\cdots ③ \qquad t' = \dfrac{(1 - \dfrac{v}{c})t}{\sqrt{1 - \dfrac{v^2}{c^2}}} \cdots\cdots ④$$

이 된다. 결국

$t' = 0$일 때 t 값은 0이 맞으나

② 식의 x값이 0이면 $t'\sqrt{1 - \dfrac{v^2}{c^2}} = t$ 이 되고 $t' = 1$일 때 $t = \sqrt{1 - \dfrac{v^2}{c^2}}$ 이 되나 ②식에서 x가 0이면 t 도 0이 되어 v가 c가 되어야만 하기 때문에 식이 성립이 안 되며 아인슈타인이 구한 방식으로는 K'에서의 단위 시간이 K에서 얼마인지 알아낼 수 없다. 모순된 값이 나온다.

즉 상대성 원리의 커다란 핵심원리인 속도가 빠르거나 중력이 센 곳에서 시간이 느리게 흐른다는 것과 속도가 빠른 곳에서는 측정자의 길이가 줄어든다는 것을 그의 공식을 통해 알 수가 없다.

15. 로렌츠 변환식의 확장된 공식

아인슈타인은 그 후 로렌츠 변환식이 다음 조건을 충족한다고 그의 책에 써 있고 내가 계산해본 결과 그 말은 맞는 말이다.

$$x'^2 - c^2 t'^2 = x^2 - c^2 t^2 \quad \cdots\cdots \quad (8a)$$

로렌츠 변환식이 위 등식을 충족하는 이유는 (3)식과 (4)식 즉 $(x' - ct') = \lambda(x - ct)$ 와 $(x' + ct') = u(x + ct)$의 두 식의 해를 구한 값이기 때문이다.

물론 그는 양수와 음수를 구분하지 않았지만 말이다. (양쪽의 값이 제곱이어서 양의 수와 음의 수로 달라도 같은 값이면 성립할 것이다.)

그리고 앞 부분을 살펴보면 t 가 0 일 경우 $x' = 1$이라면 $x = \dfrac{1}{a}$도 틀린 말은 아니다.

비록 a가 무한대가 되어야 하는 것이 문제가 되지만 말이다.

a는 상수이기 때문에 무한대가 나올 수 없다. $x' = a(1 - \frac{v^2}{c^2})x$

에서 x가 1 일 경우 $x' = a(1 - \frac{v^2}{c^2})$ 또한 맞는 말이다.

그런 식으로 구해서 (8a) 등식을 만족시키는 것이다.
그리고 , y' = y , z' = z 일 경우에

$x^2 + y^2 + z^2 - c^2t^2 = 0$ 이라는 식과

$x'^2 + y'^2 + z'^2 - c^2t'^2 = 0$ 이라고 공식을 확장한 후

$x'^2 + y'^2 + z'^2 - c^2t'^2 = x^2 + y^2 + z^2 - c^2t^2$

라는 공식을 얻었는데 (8a)의 공식인

$x'^2 - c^2t'^2 = x^2 - c^2t^2$ 와 위의 공식중 $x'^2 + y'^2 + z'^2 - c^2t'^2$
$= x^2 + y^2 + z^2 - c^2t^2$ 는

$x = x'$, y=y' 일 경우에도 성립하는 공식이므로 맞는 공식이다.

16. 동시성의 상대성

다음 글 역시 아인슈타인이 직접 저술한 상대성 이론에 나오는 글이다.

지금까지 '기차' 또는 '둑'이라고 표현한 특정한 좌표계를 사용했다. 일정한 속도 v로 움직이는 아주 긴 기차를 상상해 보자.

이 기차를 타고 여행하는 사람들은 이 기차를 기준 좌표계로 이용하는 것이 편리하다.
승객들은 모든 사건들을 기준 좌표계인 기차를 기준으로 표현하게 된다.

그렇게 되면 직선 선로 위에서 일어난 모든 사건은 기차의 특정한 점에서 역시 발생한다.

동시성의 정의도 둑에 주어졌던 방법으로 기차에 대해서 똑같이 주어진다.

다음과 같은 질문이 당연히 생긴다.

둑을 기준 좌표계로 사용했을 때 동시에 발생한 두 사건은 기차를 기준 좌표계로 사용했을 경우 동시에 발생할까?

"아니오"가 그 질문에 대한 대답이라는 것을 직접 증명하겠다.

둑에 낙뢰가 동시에 떨어졌다고 말하는 것은 둑의 두 지점 A와 B에서 출발한 빛이 두 지점의 중간 지점인 M에서 만난다는 것을 의미한다.

M'를 기차의 중간 지점이고 낙뢰가 떨어질 때 사건 A와 B의 중간 지점인 M과 M'는 일치한다고 하자.
번개의 섬광이 발생할 때, M'는 자연적으로 M과 일치하고 있다. 그러나 기차는 속도 v로 B 방향으로 움직이고 있다. 기차에 고정된 M'에 관측자가 이 속도로 움직이지 않는다면 그는 계속해서 M'에 남아있게 된다.

당연히 A와 B에서 발생한 빛은 동시에 그에게 주어진다. 두 빛은 그가 앉아 있는 그곳에서 만난다.
현실적으로 둑이 <기준 좌표계>인 경우 그는 B에서 나오는 빛을 향해 다가가고 있는 셈이며, A에서 멀어지고 있는 셈이다.

그러므로 관측자는 A에서 나오는 빛을 보기 전에 B에서 나오는 빛을 먼저 보게 된다.

따라서 기차를 기준 좌표계로 취한 관측자는 B에서 발생한 번개 섬광이 A에서보다 먼저 발생했다고 결론을 내린다.
여기서 중요한 결론에 이르게 된다.

둑을 기준 좌표계로 삼았을 때 동시에 발생한 사건들은 기차를 기준 좌표계로 삼았을 때 동시에 발생하지 않는다.
그 반대의 경우도 마찬가지이다.(동시성의 상대성).

모든 좌표계는 이들만의 특정한 시간을 갖는다.

사건의 시간을 말하면서 어떤 기준 좌표계를 사용했는지 말하지 않는다면 사건의 시간에 대한 명제는 아무런 의미가 없다.

상대성 이론이 나오기 전, 물리학에서 시간은 절대적 의미를 가진 것으로 암암리에 가정되었다.

즉 시간은 좌표계의 운동 상태로부터 독립적이라는 것이다. 그러나 지금 가장 자연스러운 동시성의 정의와 이 개념이 양립할 수 없는 것을 발견했다.

이 가정을 버린다면 7장에서 설명한 진공에서 빛의 진행에 관한 법칙과 상대성 원리 사이에 있던 모순은 없어진다.

6장에서 설명한 내용 때문에 이 불일치가 만들어졌다.
하지만 6장에서 논의한 내용은 더 이상 유지할 수 없다.

거기에서 기차에 대해 초당 w의 거리를 걷는 사람은 둑에 대해서도 같은 시간에 같은 거리를 걷는다고 결론지었다. 그러나 지금까지의 설명에 따르면 기차에 대해 발생한 사건에 필요한 시간은 둑의 좌표계에서 본 그 사건에 필요한 시간의 길이와 같을 수 없다.

그러므로 기차에서 걷고 있는 사람이 둑에서 측정한 1초와 같은 단위 시간 동안 둑에 대해서 거리 w를 걸었다고 할 수 없다.

더욱이 6장에서 설명한 내용은 또 다른 가정에 기초를 두고 있다. 그것은 상대성 이론이 만들어지기 전에 암암리에 가정되었던 것이다.
그러나 엄격하게 말하면 이것은 임의적인 것이다.

- 아인슈타인 저 《상대성 이론》 중에서 -

17. 위 동시성의 상대성에 대한 나의 생각

위 동시성의 상대성을 읽고 나의 생각을 적고자 한다.
동시성의 상대성에서 아인슈타인은 본인이 무엇을 인정하고 있는 줄은 꿈에도 몰랐을 것이다.

그는 모든 곳에서 서로 다르게 흐르는 시간이 존재함을 말하려고 동시성의 상대성을 예로 들었다.
하지만 그는 그것을 통해 인간이 만든 이동하는 수단(기차 등)에 빛이 실질적인 영향을 받고 있음을 인정한 것이다.

우리는 양쪽에서 친 번개가 다른 시간에 도착하는 것을 실질적으로 느끼지도 못하고 인간이 고안할 수 있는 최고의 측정기를 가지고도 그 차이를 알아낼 수 없을 것이다.

하지만 사람의 머릿속에서 그런 계산은 식은 죽 먹기이다.
아인슈타인은 동시성의 상대성에서 사람이 만든 이동 수단에 의해 빛의 속도가 달라질 수 있음을 스스로 인정한 꼴이 된다.
이는 광속 불변의 법칙에도 위배된다.

양쪽에서 동시에 친 번개는 기차에 동시에 도착을 했어야 하는데 인간이 만든 이동 수단에 의해 양쪽의 빛의 속도가 달라짐을 스스로 인정한 것이다.

기차 추론이나 우주선 추론도 인간의 상상 속에서 만든 것이기에 빛의 속도는 움직이는 이동 수단에 의해 달라질 수 있다는 것을 동시성의 상대성에서 이미 인정해 버렸다.

그래서 그러한 이동 수단에 의한 상상 속에서 빛의 속도는 얼마든지 달라질 수 있어 기차 추론이나 우주선 추론은 이미 의미를 잃어버린 격이다.
A나 B에서 동시에 친 번개는 확실하게 다른 시간에 기차에 앉아 있는 관찰자와 둑의 정중앙에 위치한 다른 관찰자에게 전달이 된다.

윗글을 읽으며 우리는 쉽게 왜 그런 일이 발생을 했는지 이해할 수 있다.

우리는 빛을 통해 사물을 보기도 하지만 시간의 흐름도 관찰할 수 있다.

빠르게 돌아가는 비디오를 보고 비디오에 대한 지식이 전혀 없는 사람은 그 안의 세상의 시간이 **빠르게** 흐른다는 결론을 내릴 것이다.

반대로 느리게 틀어 놓은 비디오를 보고는 그와 상반된 결론을 내릴 것이다.

정상적인 사람이라면 왜 B에서 오는 번개가 둑 중앙에 있는 사람보다 기차에 타고 있는 사람에게 빨리 전달되는지를 이해할 수 있을 것이다.
그것을 상대성 이론의 개념으로까지 확대 해석하는 것은 잘못된 것이다.

동시에 친 번개가 왜 서로 다른 시간에 도착했는지에 대해서는 우리는 쉽게 그 이유를 이해할 수 있다.

그러나 기차에서 초당 w의 거리를 걷는 사람이 둑 위에서는 초당 w의 거리를 걷지 않을 것이라는 이야기는 논리의 비약이며 그 이유를 이해할 수 없게 된다.

동시성의 상대성의 내용을 가지고 기차 안의 시간 값이 둑과는 다른 시간 값을 가질 것이라는 단정은 논리의 비약이라고 생각한다.

어떤 학자는 '시간이 느리게 흐르는 것처럼 보인다.'라는 표현을 쓰다 나중에는 '느리게 흐른다.'로 바꾸는 것을 본 적이 있다.
하지만 둘 사이에는 엄청난 차이가 있다.
결국 '그 사람은 상대성 이론을 제대로 이해하지 못하고 있다.'는 결론을 내릴 수밖에 없다.

우리는 동시성의 상대성에서 동시에 일어난 일에 엄연한 시간차가 나옴을 보았다. 속도에 의해 나는 시간차이다.
대전을 ktx로 달릴 경우와 무궁화호로 달릴 경우에, ktx의 속도가 시속 300km이고 무궁화호가 시속 150km라면 우리는 속도에 의한 시간차를 너무나 쉽게 알게 된다.
만일 서울에서 대전까지가 300km라면 ktx로는 1시간이 걸리고 무궁화호로는 2시간이 걸린다.
속도에 의한 실질적인 시간의 차이를 우리는 실감하게 된다.

누군가는 이런 내용을 여기에 적고 있는 나를 바보라고 웃을 것이다.
너무나 당연한 이야기를 무슨 대단한 일인 양 여기에 쓰고 있다고 말이다.
그런 식에 대해 웃는다면 나는 아인슈타인의 논리에 대해 특히 위 글의 논리의 비약에 대해 웃을 수밖에 없다.

위의 동시성의 상대성에 나오는 벼락 이야기를 보면서 우리는 한 가지를 간과하고 있다.

기차를 정지계, 즉 정지좌표로 봤을 때 동시에 친 벼락이 한쪽에서는 빠르게 다가오지만 다른 쪽 번개는 늦게 도착한다는 것이다.
그 이유는 누구나 왜 그런지 알 것이다.

기차의 속도를 생각하지 않고 동시에 친 번개라는 것만 생각한다면 한쪽에서는 시간의 지연 현상이 일어난 것이지만 다른 쪽에서는 시간이 오히려 빠르게 흐른 것이 된다.

특수 상대성 이론을 도입하면 양쪽의 시간 값이 빨라지거나 느려져야 한다. 하지만 그렇지 않다는 걸 알 수 있다.

동시성의 상대성에서 사건 A와 사건 B의 아래의 철로에 있는 관찰자들과 기차에 타고 있는 관찰자 그리고 둑의 중앙에 있는 관찰자가 똑같은 시계를 차고 있다면 번개가 늦게 도착을 하든 아니면 빨리 도착을 하여 동시성이 실질적으로 깨진다 하여도 세 군데의 시간은 양 쪽의 번개가 둑의 중앙에 동시에 도착할 때 같은 시간을 가리킬 것이다.

달리는 기차에서 기차 길이와 같은 방향으로 침대가 놓여 있다면, 그리고 우리가 거기에 누워 있다 나오면 우리의 키가 기차 안에서는 줄어들었다 밖으로 나오면 다시 원 상태로 돌아온다는 것이 상대성 이론이다.

직관적으로 생각해도 잘못됐다는 것을 알 수 있다.

나는 중력이 센 곳에서의 원자의 진동수가 약한 곳의 진동수보다 느릴 수 있다고 생각한다.

시간이 느려짐을 의미하는 진동수가 아니라 단순히 시간과는 상관없는 환경의 영향에서 오는 진동수의 변화를 말하는 것이다.

18. 특수 상대성 이론을 지지한다는 피조의 속도 합에 관한 정리의 모순

로렌츠 변환식에 있는 수많은 수학적 오류 외의 버젓한 잘못을 그의 책에서 또 본 적이 있다.
자신의 공식을 증명해 준다는 속도 합에 관한 정리, 피조의 실험에 대한 내용이다.
여기 그 내용을 적고자 한다. 스스로는 본인의 말이 맞을 것이라 생각했겠지만, 나에게는 모순으로 보인다.

그 내용은 다음과 같다.
달리는 기차 위를 걷는 사람과 비슷한 상황을 만들어 자신의 이론이 맞다는 주장이다.
거기서 둑은 액체가 흐르는 넓은 관이고 그 관 속을 흐르는 액체는 기차가 되고 그 액체를 지나는 빛이 사람에 해당된다. 흐르는 액체를 지나는 빛의 속도는 W이고 고로 관을 지나는 빛의 속도도 W이다.

흐르는 액체의 속도가 v이고 그곳을 통과하는 빛의 속도를 w라고 하였다. 갈릴레오 식에 의하면 그 속도는 두 속도의 합인 v + w가 된다.
그리고 상대성 이론의 로렌츠 변환식에 의하면 그 값이

$\dfrac{v+w}{1+\dfrac{vw}{c^2}}$ 이 되는데, $v+w$ 보다는 잘 들어맞아 자신의 상대성 이론에 대한 한 증거라는 주장이 아인슈타인의 주장이다.

그러나 두 페이지에 걸친 그의 주장 대신에 몇 개의 문장에 눈이 쏠렸다.
그는 관을 두 개의 줄로 표현하고 액체가 흐르는 방향에 화살표를 그리고 액체의 속도에 v 표시를 해놓고 "상대성 원리에 따르면 액체가 다른 물체에 대해 움직이든지 안 움직이든지 당연히 액체에 대한 빛의 속도는 w이다."라고 중간에 써 놓았다.

그리고 앞에는 흐르는 액체를 지나는 빛의 속도는 W이고 고로 관을 지나는 빛의 속도도 W이다. 라는 것이다.
상대성 원리가 맞다면 빛의 속도는 계산을 떠나 w라고 써 놓고 그리고 또 W라고 써 놓고 다른 쪽에서는 $v+w$보다는 $\dfrac{v+w}{1+\dfrac{vw}{c^2}}$ 이다, 라고 써 놓은 것이다. 이렇게 고순된 주장을 펼쳤다.

19. 상대성 이론의 확장된 공식은 유클리드 기하학이나 뉴턴의 구의 반지름을 구하는 공식은 거의 같다

그리고 위에 대한 내용을 찾다 발견한 것은 보통의 유클리드 기하학과 뉴턴의 역학 그리고 상대성 이론의 확장된 방정식이 거의 같다는 것이다.

즉 아인슈타인의 허울 좋은 시간과 길이에 대한 결론은 모두 없어지고 기존의 뉴턴 역학과 같은 공식으로 마무리되는 것이다.

그러므로 아인슈타인의 특수 상대성 이론과 일반 상대성 이론의 결말은 뉴턴 역학과 비슷해 그의 공식이 맞는 걸로 보일 수 있었던 것이다.

그의 이론을 설명하는 한 페이지를 여기에 적어야 할 것 같다. 민코프스키 시공간에 대한 설명인데 나도 그에 대해서는 잘 모른다.

다음 글은 거기에 써있는 글이다.
보통의 유클리드 기하학에서는 공간성분의 제곱의 합이 제일 중요하다.

왜냐하면 $dx^2 + dy^2 + dz^2 = dl^2$은 물리적인 길이를 나타내기 때문이다.
물리적인 길이는 좌표를 바꾸더라도 변함이 없다.
즉 $dx^2 + dy^2 + dz^2 = dl^2 = dx'^2 + dy'^2 + dz'^2$이다.
좌표를 바꾸면 각각의 성분은 바뀌지만,성분의 제곱의 합은 항상 일정하게 유지된다.
반면 상대성 이론에서는 $(cdt)^2 - dx^2 - dy^2 - dz^2$과 같은 형태의 (시간성분)^2 - (공간성분의 제곱의 합)이 항상 일정하게 유지된다고 한다.
제곱의 합이 아니라 제곱의 차가 일정하게 우지된다는 게 결정적인 차이라는 것이다.
이런 시공간을 민코프스키 시공간이라고 한다.

민코프스키 시공간에서는 '로렌츠 변환으로 좌표를 바꾸더라도 (시간성분)^2 - (공간성분의 제곱의 합)의 조합이 변하지 않는다'라고 쓰여 있다.

(시간성분)^2 - (공간성분의 제곱의 합) 이를 자세히 살펴보자.

$$dx^2 + dy^2 + dz^2 - c^2t^2 = dx'^2 + dy'^2 + dz'^2 - c^2t'^2.$$

$c^2t^2 - dx^2 - dy^2 - dz^2 = c^2t'^2 - dx'^2 - dy'^2 - dz'^2$ 에서
y=y' 그리고

z=z' 일 경우 양변의 dy^2, dz^2 과 dy'^2, dz'^2 는 지워져

$dx^2 + dy^2 + dz^2 - c^2t^2 = dx'^2 + dy'^2 + dz'^2 - c^2t'^2$는
$c^2t^2 - dx^2 = c^2t^2 - dx'^2$이 되어 로렌츠 변환식을 넣어도 성립이 된다는 것은 이미 나와 있는 사실이며 공식의 확장 과정에서 변한 건 하나도 없다.

확장 과정을 보면 $dx^2 + dy^2 + dz^2 - c^2t^2 = 0$ 와
$dx'^2 + dy'^2 + dz'^2 - c^2t'^2 = 0$ 이 상대성 이론의 확장 공식의 일부이다. 여기서 $c^2t^2 = l^2$ 그리고 $c^2t'^2 = l'^2$ (왜냐하면 시간을 속도로 곱하면 거리가 되기 때문이다)으로 놓으면 $dx^2 + dy^2 + dz^2 = l^2$ 이고 $dx'^2 + dy'^2 + dz'^2 = l'^2$으로 상대성 이론의 확장된 공식도 유클리드 역학이나 뉴턴의 공식의 구의 반지름을 구하는 공식과 같이 공간성분의 제곱의 합이 =공간성분의 제곱과 같이 동일하다는 것을 알 수 있다.

그가 저술한 상대성 이론들만 가지고 따지면 아인슈타인의 확장 조건에는 y = y', z = z'가 해당되어야 하고 그 외의 조건에 대한 일절의 다른 언질이 없다.
그의 공식은 일차원에 $x = ct$와 $x' = ct'$를 만족하고 이차원이나 삼차원의 값은 같아야 한다.
즉 $x^2 - c^2t^2 = x'^2 - c^2t'^2$, $y^2 = y'^2$, $z^2 = z'^2$라야 성립된다는 이유를 달아 일반화된 공식이 될 수 없다.

GPS며 인공위성이며 실상은 상대성 이론 이전의 공식을 사용하고 있는 것이다.

여기에도 cdt라는 항을 통해 시간 측정이 가능하기 때문이

다. 시간 곱하기 속력은 거리라는 점을 새겨두어야겠다.
중간에 한번 계산을 통해 확인한 바 있지만 로렌츠 변환식이 이 식들을 만족시킨다는 것이 신기할 따름이다.

로렌츠 변환식과 상대성 이론의 모든 내용은 잘못된 것이다. 다만 최종적인 확장된 공식이 기존의 뉴턴이나 유클리드 기하학과 유사해 기존의 것을 통한 계산이 바르다 보니 그냥 상대성 이론의 확장된 공식이 맞는 것으로 여겨졌던 것 같다. 상대성 이론이 유효하려면 y와 y', z 와 z'가 같지 않을 경우 x'와 t' 대신에 로렌츠 변환식에 나오는

$$x' = \frac{x - vt}{\sqrt{1 - \frac{v^2}{c^2}}} \quad , \quad t' = \frac{t - \frac{v}{c^2}x}{\sqrt{1 - \frac{v^2}{c^2}}}$$

를 넣어도 식이 유지되어야 하는데 실상은 그렇지 못하다.

20. $E=mc^2$은 로렌츠 변환식에 근거를 둔 공식이므로 이 또한 잘못된 공식이다.

$E = mc^2$은 로렌츠 변환식의 산물이다.
로렌츠 변환식 자체가 잘못된 것이기 때문에 $E = mc^2$ 또한 잘못된 방정식이다.

$E= mc^2$ 의 계산 과정에는 감마값 즉 $\dfrac{1}{\sqrt{1-\dfrac{v^2}{c^2}}}$ 이 필연적으로 들어가야 $E =mc^2$이라는 공식을 얻을 수 있다. 그러나 나는 위에서 감마값 즉
$\dfrac{1}{\sqrt{1-\dfrac{v^2}{c^2}}}$ 이 허구라는 것을 강조하며 상대성 이론을 부정하였다.

mc^2 이라는 값은 보통 사람이 그냥 아무 생각 없이 받아들여서 그렇지 천문학적으로 큰 값이다. 만일 나가사키나 히로시마에 투하된 두 핵폭탄이 mc^2의 폭발력을 가졌으면 지구 자체가 산산 조각이 날 에너지량이었다. 둘 다 4kg 이 넘는다.

우리는 이 방정식의 결과물로 핵 폭탄을 떠 올리며 아인슈타인의 이론을 더욱 신뢰하게 되었다.
나 또한 마찬가지이다.

$E = mc^2$을 보면서 아인슈타인이 진짜 천재는 천재구나 하고 생각했다.

핵 개발을 위한 자금으로 20억 달러 이상이 들어갔고 많을 때는 14만 명의 사람이 동원됐다고 한다.

TNT 1g의 폭발력은 4184 joule의 폭발력을 가지고 있으며 이것이 4.5톤이 될 때의 폭발력을 계산해 보니 대략 1.9×10^{13} joule 정도의 파괴력이 나온다.
맨해튼 프로젝트는 그 당시 규모가 미국의 자동차 시장 정도의 규모였다고 말한다.

4.6 톤은 일본에 투하된 원자 폭탄 하나의 므게이고 다른 하나도 4톤이 넘는다.
우리는 $E = mc^2$ 을 너무 쉽게 생각한다.
$E = mc^2$은 질량 $\times 900$ 만km/sec^2 이다.
4.6 톤의 쇠로 된 공이 1000m/sec 의 운동에너지를 얻으려면 몇 톤의 석탄이 필요할까?
하지만 여기서는 1000m가 아니다.
여기서는 $9 \times 10^9 m$ 의 에너지가 질량으로부터 나온다는 이야기다.

리틀보이로 불리게 된 히로시마에 투하된 4.5톤의 원자폭탄은 설계 성능의 3%만을 발휘했다고 한다. 내 생각에는 그 3%가 원래 리틀보이가 낼 수 있었던 실제의 성능이었을 거라는 것이다. 그 원자폭탄이 3%의 성능만을 냈다는 것은 원자 폭탄의 파괴력을 $E = mc^2$ 으로 계산했을 때 나온 수치일 것이다.

21. 쌍둥이 paradox (역설)

상대성 이론에 관한 이야기 중 '쌍둥이 역설'이라는 것이 있다. 쌍둥이 중 동생은 지구에 있고, 빛에 가까운 속도로 멀리 떨어진 별을 탐험하고 온 형은 오고 가는 내내 빛의 속도로 오고 갔기 때문에 시간 지연으로 지구에 있는 동생에 비해 젊은 모습으로 돌아온다는 것이다.

하지만 새로운 문제가 우리의 머리를 혼란스럽게 한다.
빠른 속도로 여행하는 우주선이 정지해 있고 그 외 태양계 및 지구가 빠른 속도로 움직인다고 가정하면 즉 우주선을 정지 좌표계로 보았을 때 지나는 태양계나 우주의 시간이 늦어진다는 것이다.

그럼 이번에는 반대로 형이 더 늙어서 지구에 도착할 것이다. 이는 물론 빠르게 움직이면 시간이 느리게 간다는 '특수 상대성 이론'에서 시작된 이야기다.
결국 우리는 특수 상대성 이론이 잘못된 것이라고 결론을 내려야 한다.

하지만 그 모순된 이론을 버리지 못하는 사람이 합리화를 위해 내놓은 것은 우주여행을 한 사람은 목적지를 바꾸어야 하고 출발과 도착을 할 때 감속/가속/방향 전환을 하게 된다는 합리화였다.

이때 가속도(중력)가 발생하게 되고 일반 상대성 이론에 의해 시간 지연이 발생한다고 하며 그 이유 하나 때문에 동생이 젊어서 돌아온다는 것이다.

결국 여행을 다녀온 사람의 시간이 느리게 흐르게 되어 지구에서 기다린 사람이 할아버지가 된다는 것이다.

합리화를 위해 만든 말이지만 그 이야기를 듣고 조금은 심했다는 생각이 들었다.
일단 그것이 맞는다고 가정하고 대신 그 형이 돌아오지 않고 그 새로운 별을 개척하기 위해 남는다면 군제가 어떻게 되는지를 그 분에게 물어보고 싶다.

핑곗거리 치고는 합당하지 않은 핑곗거리다.

22. 절대 시간은 존재한다.

칸트와 버클리 주교는 절대 공간의 존재 여부에 대하여 이견을 보이며 서로 자신의 주장이 맞다고 주장했다고 한다.

하지만 나는 절대 공간의 존재 여부는 그 사람의 마음속에 있는 것 같다.

절대 공간이 존재한다고 믿는 사람에게는 절대 공간이 존재하는 것이고 절대 공간이 없다고 생각하는 사람들에게는 절대 공간은 존재하지 않는 것이다.

광속 불변의 법칙도 어떤 기준을 가지고 보냐에 따라 맞을 수도 있고 틀릴 수도 있다.

하지만 기차에서 양방향으로 쏜 총알의 속도를 예로 들어 설명하는 것은 광속 불변의 법칙이 잘못됐다는 기준을 제시하는 것이고 그 예는 다름 아닌 아인슈타인에 의해 제시되었다.

칸트는 절대 공간의 부재를 인정하지 않았다.
절대 공간의 존재는 우리가 우리 마음속으로 정하면 되는 것이다. 우리는 늘 지구는 정지하여 있는 것으로 믿고 있고 그러므로 절대 공간이 존재하게 되는 것이다.

아인슈타인은 좌표계를 동원해 정지좌표계를 만듦으로 해서 그 정지 좌표가 절대 공간으로 변하게 되었다.

광속의 절반의 속도로 나는 우주선이 태양을 향해 날아가고 있고 태양이나 태양의 빛을 이동하는 좌표로 보고 우주선을 정지 좌표계로 보면 태양 빛은 우주선에 대해 초속 15만 km의 속도로 다가 온다.
그럴 경우 광속 불변의 법칙은 깨질 수 있는 것이다.

하지만 광속은 그러한 좌표계의 도입 등을 생각하지 않으면 언제나 c이다.
그런 관점으로 보면 광속 불변은 틀리면서 맞는 법칙이 되는 것이다.
만일 광속 불변의 법칙을 인정하면 광속은 언제나 c이고 그러한 c의 인정은 절대 시간의 존재를 인정하게 되는 것이라는 것을 아인슈타인은 간과를 한 것 같다.

모든 빛의 길이는 시간과 매치가 된다.
빛이 30만 km를 이동하는 데 걸리는 시간은 1초, 빛이 60만 km를 이동하는 데 걸리는 시간은 2초, 15만 km를 이동하는 데 걸리는 시간은 1/2초, 빛이 1m를 이동하는 데 걸리는 시간은 0.000000003335640952초가 되는 식으로 빛이 움직이는 모든 길이는 절대 시간으로 변경이 가능하며 이는 절대 시간이 존재한다는 유력한 증거가 되는 것이다.

결론적으로 특수 상대성 이론과 일반 상대성 이론은 잘못된 이론이다.